血液と血液凝固のレオロジー

血液サラサラ・ドロドロの科学から、
エコノミークラス症候群まで

貝原　眞　著

米田出版

まえがき

大昔、人間が狩猟によって食べる物を確保していたときに、動物に襲撃され大量の赤い液体が体の外に流れ出て命を落としたり、あるいは動物同士が争う最中に液体が体から流れ出るのを目の当たりに見るのは、日常的なことであったと思われます。その光景を見て、人々は赤い液体が生命を維持するために必要なものであることを認識していたと想像されます。

血液には、生命を維持するという重要な役割があり、多くの物質から構成されています。血液細胞には赤血球、白血球と血小板があります。赤血球は、呼吸によって肺から取り入れられた酸素を、心臓のポンプ作用によって動脈を通って各臓器や組織に運搬するとともに、生体のさまざまな生命活動によってつくられた二酸化炭素などの老廃物を、静脈を経由して肺に運ぶ役割を担っています。血小板は、血管が傷ついたときに流れ出る血液を止血する役目があります。白血球は、細菌などの外敵の体内への侵入に対する生体防御の役目があります。その他、血液はホルモンなどの生理活性物質、塩類、たんぱく質などの物質を輸送するとともに、体温の調節にもかかわっています。したがって、生体内での血液循環の停止は、個体の生命が途絶えることを意味しています。

人の血液量は、体重の約一三分の一（約八％）です。例えば体重が六〇キログラムの人では、体積にすると四・五～五リットルの血液量になります。心臓は一秒間におよそ一回の割合で拍動して血液を押し出しています。一回の拍動で押し出される血液の量は八〇～九〇ミリリットル程度です。例えば、脈拍が一分間に六〇回とすると、一日に心臓から押し出される血液の量はおよそ七〇〇〇リットルにもなります。その間、赤血球は心臓での激流に何回もさらされ、赤血球の直径である八マイクロメートルよりも細い毛細血管の中をすりぬけて移動します。したがって、赤血球は強靱であるとともに変形性に富んだ性質をもっていなければなりません。

血液の各構成成分には寿命があります。例えば赤血球は、骨髄で産生され血管中に放り出されると一二〇日循環し、循環している間に赤血球の柔軟性は徐々に失われ、最終的に主に脾臓で回収されます。血液に焦点をしぼって生命活動や生命の維持を考えるときに、血液の流動特性についても理解することが重要です。血液の流れは、物質の変形や移動に重点をおく流体力学とともに、血液の物性に重点をおくレオロジーと呼ばれる学問によって一層理解が深められます。

生活習慣病と関連して、血液〝サラサラ〟〝ドロドロ〟という言葉がよく使われています。この血液サラサラ、ドロドロの本質はどのようなものかを、血液レオロジーを研究してきた立場から考えてみたいと思います。筆者が行ってきた血液凝固のレオロジー的、生化学的研究で得られた結果が、エコノミークラス症候群で知られる静脈血栓症や肺血栓塞栓症などの発症機構の一つである可能性について考察します。

まえがき

血液に関して生化学的、生理学的なことを中心に書かれた書物は多数あります。また、血液レオロジーについての専門書も、今までに何冊か出版されていますが、やさしく書かれた書物はあまり多くないように思われます。本書は、レオロジーという言葉をほとんど聞いたことのない読者をも対象とし、血液レオロジーをわかりやすく記述することを念頭に執筆しました。血液レオロジーが、生命活動において重要な役割を担っていることをご理解いただければ幸いです。

目　次

第一章　レオロジーの基礎

紀元前にギリシャの哲学者、ヘラクレイトスがいった〃パンタレイ〃「万物は流転する」という有名な言葉があります。この〃レイ〃は、流転すなわち流動を意味し、レオロジーの語源です。レオロジーという学問は、物質の流動と変形を扱い、物質の構造と性質の関係を明らかにすることが主な目的です。したがって、高分子科学や工業分野のみならず、生物や医学分野でも重要な学際領域のサイエンスです。

レオロジーとは何だろう

水、牛乳、血液、油などは、明らかに流れるということを誰もが理解できます。ところが、まさかと思われるかもしれませんが、アスファルトなど流れないと一般に思われる物質も、実は長い年月をかけてゆっくりと移動（流動）します。すなわち、ほとんどすべての物質が流動するといえます。液体は流れ固体は流れないと一般に思われる理由は、観測時間の違いによります。液体は見ている間に移動するので、明らかに流れているということが実感できます。一方、アスファルトなどは、じっと見ていても全く移動しないので、流れると感じないのは当然です。ところが、何年あるいは何十年も経過する間には徐々に流動しています。例えば、最近は舗装技術の進歩によってほとんど見られませんが、図1・1のように、ドライブをしているときにセンターラインがぐにゃぐにゃ曲がっているのを見た方もいると思います。センターラインは最初まっすぐに引かれていたはず

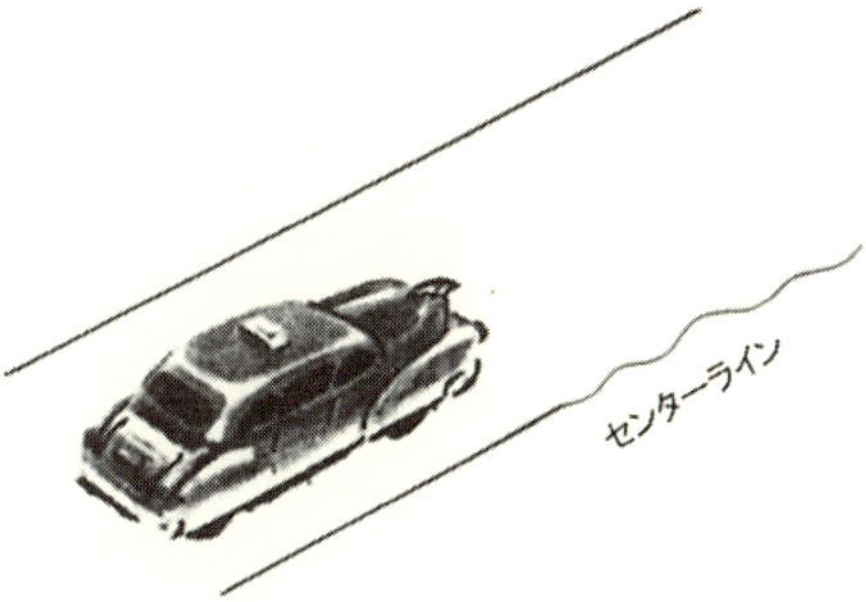

図 1.1　道路のアスファルトも長い間には流動する

ですが、車が通るとアスファルトに力が加わり徐々に流動し、それに伴ってセンターラインが曲がってしまったのです。

もう一つ例を挙げましょう。プールの中で、手をゆっくりと水の中に入れたときには全く痛くはありませんが、手のひらを水面に強く打ちつけたり、飛び込み台から下手な飛び込みをして胸を打ったときなどには非常に痛く感じます。まるで水が固体であるかのように感じます。このような例からもわかるように、物質の液体的な振る舞いと固体的な振る舞いの違いは、観測時間、少し専門的な表現をすると、その物質がもっている固有の緩和時間（物質がある状態から別の状態に移行するのに要する時間）によって決まります。長い観測時間で物質の挙動をみると液体としての性質が、短い時間では固体としての性質が支配的になります。すなわち、物質は液体的性質と固体的性質の両方を備えていて、測定時間によって液体的に振る舞ったり、固体的に振る舞ったりします。

工業分野で重要なレオロジー

レオロジーは、プラスチック工業、ゴム工業、食品工業など、高分子と関連する工業の発展とともに成長しました。工業分野での加工、品質管理などでレオロジーは重要です。例えばボールペンは、ペンの先にあるボール球が回転し、インクに力（ずり応力）が加わって流れ出るために字を書くことができます。胸のポケットなどに入れておいたときにインクが流れ出てしまっては大変ですが、ボール球は静止しており、インクにずり応力が加わらないので流れ出ることはありません。練り歯磨き粉（ペースト）は、チューブに力を加えて押し出すと簡単に流動して流れ出ますが、歯ブラシの上にあるときには力が加わらないので流れ落ちません（図1・2）。手に塗るクリームは、ボトルから手ですくい上げたときにはたれ落ちませんが、手のひらなどに擦るように塗ると感触よく広がります。このように、物質の品質にはレオロジーが関係しています。

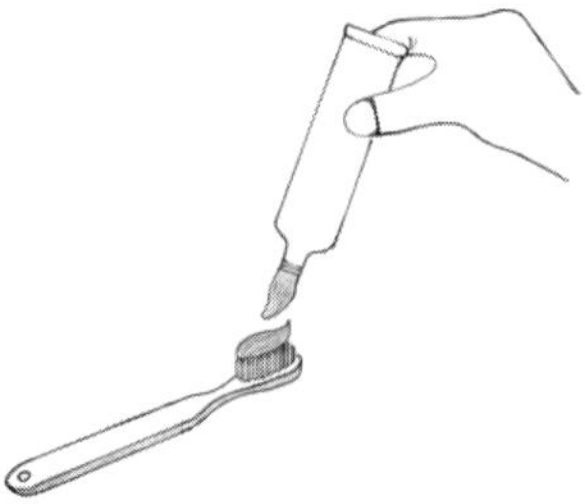

図 1.2　練り歯磨き粉（ペースト）は、歯ブラシから流れ落ちない

食品分野で重要なレオロジー

食べ物の重要な要素は、栄養と味とともに見た目で食欲がわくように感じることでしょう。食品のおいしさは、化学的な味が重要ですが、物理的な性質の寄与も大きいのです。食べ物を口に入れたときの口あたり、噛んだときの歯ごたえ、飲み込んだときの喉越しなどの食感は、食品の硬さや流動性などレオロジー特性が主に支配しています。

食感は、人が食べ物を食べたときの感じ方であり、個々人の感じ方にも関係しています。食感は、感覚とレオロジー特性とを切り離して評価することは不可能であり、この分野の学問はサイコ（感覚の）レオロジーと呼ばれます。

超高齢化社会といわれる現在、食品分野でのレオロジーがますます重要になってきています。若いときには、食べ物を噛んだり（咀嚼）、飲み込んだり（嚥下）するのは無意識にできますが、高齢になると思うようにできなくなったりすることがあります。また、誤って気管支に食べ物が入ってしまい、咳き込む頻度が多くなったりもします。咳き込むだけならまだしも、誤嚥は肺炎の原因にもなります。高齢者が容易に咀嚼や嚥下でき、しかも誤嚥しにくい食品の研究や開発にもレオロジーが大きくかかわっています。

いろいろな分野のバイオレオロジー

バイオレオロジーは、生体および生体を構成する物質を取り扱うレオロジーということができます。生体レオロジーあるいは生物レオロジーということもあります。バイオレオロジーの研究は、生体を構成する物質の構造とレオロジー的性質を調べるとともに、生体の機能との関係を明らかにすることが主な目的です。

バイオレオロジーが扱う対象には、血液と血管などの循環系、皮膚、子宮、筋肉などの柔らかい組織や臓器、骨、歯や腱などの硬い生体物質、痰や関節液などの生体粘液やゲル状物質、さらにはDNAやたんぱく質溶液、細胞、植物などがあります。食品の大部分は動物や植物からつくられており、食品のレオロジーに関する研究もバイオレオロジーの重要な分野です。

バイオレオロジーの中で最も多く研究されてきたのは、循環系のレオロジーです。血液と血管を対象とするレオロジーは、ヘモレオロジーと呼ばれます。ヘモは血液と血管を表す言葉です。血管は、毛細血管を除いて、内皮細胞とその内側に存在する内膜、中膜、外膜から構成されています。それらの構成成分は平滑筋細胞、エラスチン、コラーゲンなどですが、存在比や構造は血管の部位によって異なります。血管は、血圧の急激な変動に耐え得るようなレオロジー特性をもっています。

関節液は、歩行するときに、骨（軟骨）と骨とが直接ぶつからないように潤滑剤の役目をしている液体です。高いところからいきなり飛び降りたときに、骨と骨が直接ぶつかってしまうと、骨が損傷する可能性があります。そのようなことが起こらないのは、レオロジー的性質が威力を発揮しているためです。高いところから飛び降りると、瞬間的に衝撃（力）が関節液に加わり、関節液は液体状態から粘稠な状態に変化し、直接骨同士が接触しないように保護する仕組みになっています。

臨床分野でも重要なレオロジー

臨床分野でのレオロジーは、臨床（クリニカル）レオロジーと呼ばれます。いろいろな病態で生じる血流の異常や血管壁の硬さを調べることは、まさにレオロジーそのものです。動脈硬化の原因となる因子には、血液中の中性脂肪やコレステロールなどの成分の関与とともに血流の異常があり、動脈硬化の形成機構を明らかにするには、レオロジー分野からのアプローチが欠かせません。糖尿病では、血液粘度の増加、赤血球の過剰な凝集、微小循環系での異常などが起こる場合があります。生活習慣病を含む各種疾病の原因の究明などでレオロジーは重要な役割を担っています。

のどに絡まった痰を吐き出すのに、強く咳をすると簡単に吐き出すことができるのを経験したことがあるでしょう。痰に瞬間的な刺激（力）を加えると、痰は硬くなり簡単に吐き出すことができるようになります。先に述べた緩和時間が関係しており、まさにレオロジー的現象といえます。

生体の力学的特性、例えば骨、歯や血管の力学特性を調べる研究は、工学分野でも行われています。最近では、細胞の機能とレオロジーの関係が遺伝子レベルで研究されています。血管の一番内側は内皮細胞で覆われており、内皮細胞は絶えず血流による力を受けています。ずり応力（壁を擦る力）が内皮細胞に作用すると、内皮細胞からはさまざまな生理活性物質が放出され、血液循環の恒常性が維持されています。このような研究分野は境界領域の学問であり、いろいろな学問分野がオーバーラップしています。

粘度（粘性率）

流体の流れやすさを表す物理量は、粘度（粘性率）です。粘度を理解するために、少し専門的になりますが、ずり応力（せん断応力ともいう）とずり速度（せん断速度ともいう）について説明します。二枚の平行な板A、B（面積S）の狭い間隙（距離h）に液体を満たし、Bを固定し、AをBに平行に一定のずりの力（F）を加えて一定の速度（V）で動かすと、液体はBに平行に層状に移動します（図１・３）。このような流れをクエットの流れといいます。

机の上にトランプを置き、一番上のトランプの表面を机の面に平行に力を加えて動かすことを想像すれば容易に理解できるでしょう。上面Aに作用する単位面積あたりのずりの力（F／S）がずり応力で、本書ではσ（シグマ）で表します。液体の速度はB面でゼロであり、距離に比例して大きくなりA面でVとなります。流速が距離とともに増す割合（V／h）を速度勾配といいます。ず

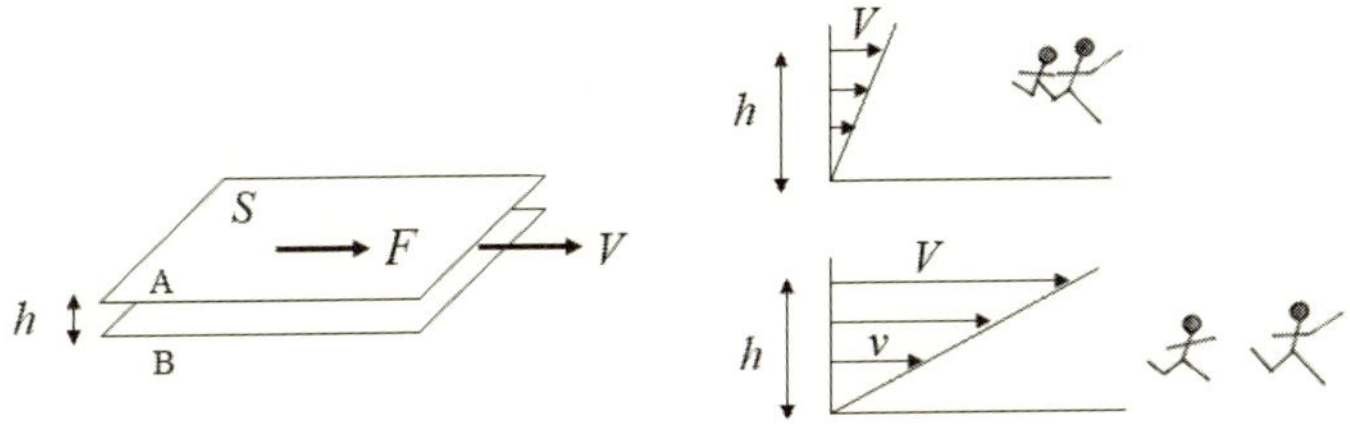

図 1.3　クエットの流れでのずり速度の概念図

りひずみ（後述の粘弾性の項を参照）が時間とともに増す割合がずり速度ですが、クエットの流れではずり速度は速度勾配と等しくなります。ずり速度の単位は秒の逆数（s^{-1}）で、$\dot{\gamma}$（ガンマドット）で表します。ずり応力とずり速度の関係を表す比例定数が粘度です。粘度を η（イータ）とすると、$\eta=\sigma/\dot{\gamma}$ で表すことができます。

ずり速度の大小のイメージは、二つの互いに離れた平行な線の上を、大人と子供が手をつないで走っているのを想像すれば理解できるでしょう。二人の間の速度差（すなわちずり速度）が小さいときには手を離さずに走れますが、ずり速度が大きくなると二人の間の速度差が大きくなり、手をつないで走ることができなくなってしまいます。後で説明しますが、液体の中で形成されている何らかの構造が、ずり速度の増加で壊されたことに対応します．

細い管の中を水などの液体がゆっくりとした定常流で流れる場合、流体の速度プロフィルは図１・４に示すように放物線になります。定常流とは、流体内の各点での流速、圧力、密度が時間的に変化しない流れです。クエットの流れも定常流です。流体の流れは層流（流体の各部分が互いに混ざり合うことなく流れる）で、ねぎを輪切りにして

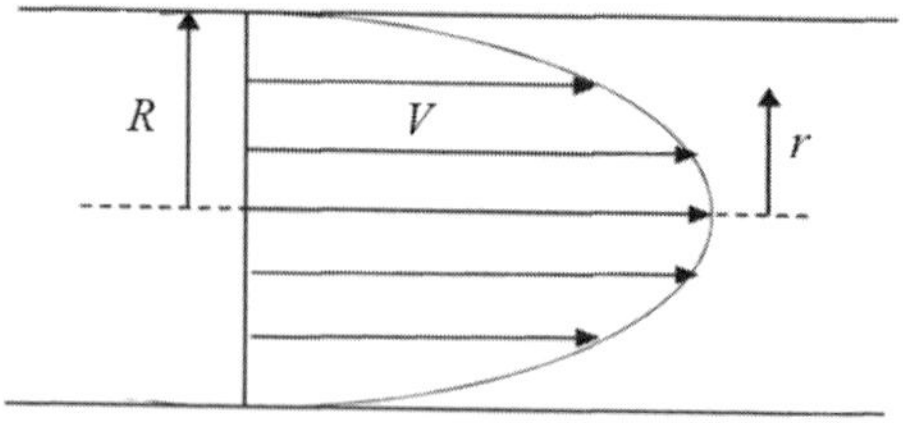

図 1.4　円筒管内（半径 R ）を液体が層流となって流動するときの速度（V ）プロフィル

その中心部を押すと、中心部が層状に押し出されるのに似ています。このような流れでは、速度（V）は管の中央部（r=0）で最大で、管壁での速度はゼロ、すなわち流体は壁面に粘着してスリップはありません。ずり速度とずり応力は、管の中央部でゼロ、管壁で最大です。管の半径をR、長さをL、管の両端間の圧力差をΔP、単位時間あたりに流れる流体の量（流量）をQとすると、粘度は $\eta = \pi R^4 \Delta P / 8QL$ で与えられ、これをポアズィユの式といいます。

ニュートンの粘性法則

ずり応力（σ）、ずり速度（$\dot{\gamma}$）と粘度（η）の間に $\sigma = \eta\dot{\gamma}$ という関係が成り立つ場合、これをニュートンの粘性法則といいます。この式に従う流れをニュートン流動、そのような液体をニュートン流体といいます。この関係は、万有引力の発見者であるアイザック・ニュートンによって導かれた法則です。

ニュートンの粘性法則は、温度が与えられれば、粘度はずり速度に依存せずに一定であることを意味します。水や油などはこの法則に従う液体です。水の粘度は二〇度で一ミリパスカル・秒です。粘度は **cP**（センチポアズ）で表すこともあります。一ミリパスカル・秒は一センチポアズです。以後、本書では粘度の単位はミリパスカル・秒で表します。

ずり速度とずり応力が比例関係にない場合、液体の示す粘性は非ニュートン粘性と呼ばれ、あるずり速度における粘度というように表現されます。粘度がずり速度の増加につれて減少する場合は、流体中に形成されている何らかの構造が破壊されたことを意味します。血液、牛乳、ペイントなど多くの液体がこの性質を示し、チクソトロピーと呼ばれます。一方、粘度がずり速度の増加につれて増加する場合は、流体中に何らかの構造が形成されたことを意味します。ひたひたの水を加えたでんぷん（片栗粉）を箸などで勢いよく攪拌すると、固くなるのが観察されます。このような現象はダイラタンシーと呼ばれます。

粘度の測定法

例えば、試験管の中に水とサラダオイルをそれぞれ入れておき、試験管を傾けたときに、どちらの液体が速く流れ落ちるかを観察することによって、粘度の大小を定性的に比較することができます。この場合は、当然サラダオイルのほうがゆっくりと流れるので、水よりもサラダオイルの粘度が高いということがわかります。

粘度を正確に求めるために、液体が円管の中を圧力差によって流れるときの流量（単位時間あたりに流れる液体の量）を測定する方法があります。その測定には、一般に毛細管粘度計が使用され

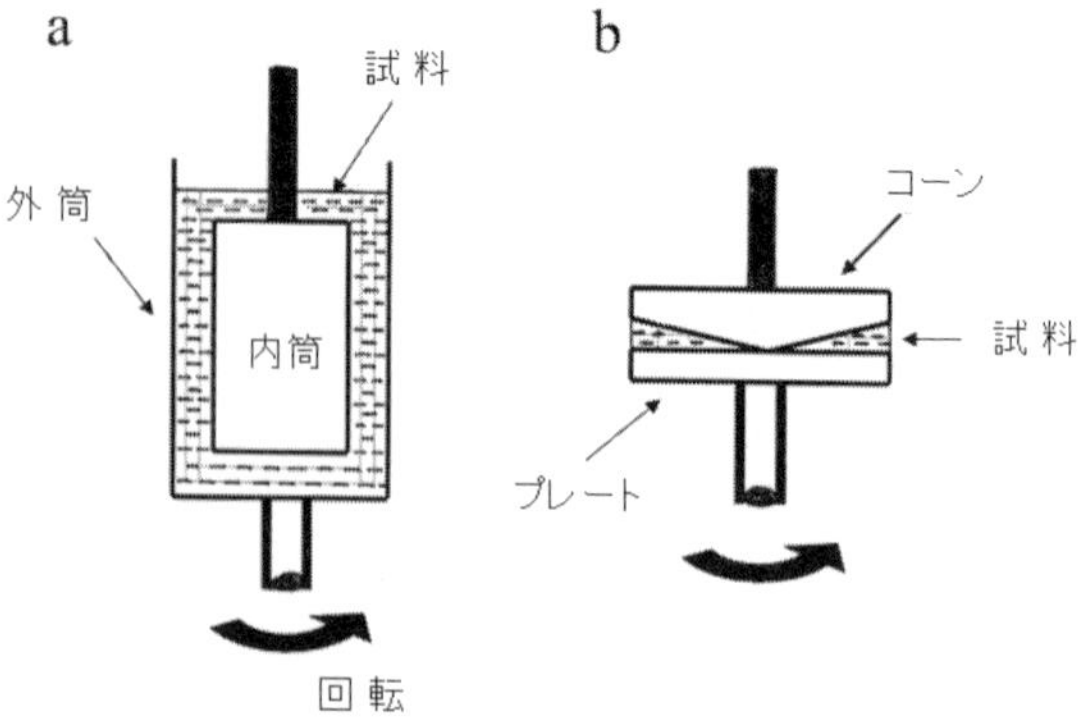

図 1.5　粘度測定に用いられる二重円筒型粘度計（a）とコーン・プレート型粘度計（b）

ます。毛細管粘度計では、ずり速度を変えて測定することが難しいので、非ニュートン流体の粘度を測定するのには適していません。

非ニュートン流体の粘度は、ずり速度を変えて測定する必要があり、二重円筒型やコーン・プレート型の回転型粘度計が用いられます（図1・5）。二重円筒あるいはコーンとプレートの間隙に液体を満たし、例えば、二重円筒の外筒あるいはコーン・プレートのプレートを一定方向に回転すると、液体は一定の方向に流動します。そのとき、流体の粘性抵抗によって内筒あるいはコーンに加わる回転力（トルク）を検出します。ずり速度をゆっくりと増加させたときのずり応力の変化の測定から、各ずり速度での粘度が求められます。

その他、小さな鉄球を液体中に落としたときの落下速度から液体の粘度を測定する方法などもあります。

粘弾性

最初に流動の起こらない弾性体の場合について説明します。硬い棒状試料の上端を固定し、下端に力（応力）を加えてわずかに引き伸ばすとき、生じるひずみは応力に比例します。この関係はよく知られているフックの法則です。この法則にしたがって変形する物質は弾性体で、そのときの比例定数がヤング率（縦弾性係数）です。直方形をした弾性体の下の面を固定し、上の面（面積S）に沿って下の面に平行なずり応力（$\sigma = F/S$）を加えると、微小なずり変形（変形量ΔX）が起こります（図1・6）。この場合のずりひずみ（せん断ひずみともいう）は$\Delta X/L$（無次元数）です。ずりひずみをγ（ガンマ）で表すと、σ/γが弾性体の硬さを表すずり弾性率（剛性率）です。

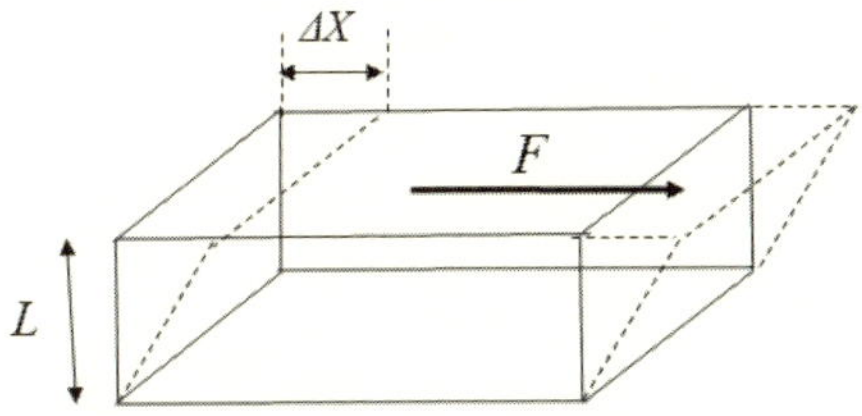

図 1.6　直方体にずり応力を加えたときの変形の様子

　噛んだガムを両手でつまんで一気に引っ張ると、ちぎれたりすることがありますが、図1・7aのように一定の距離を保ってじっとつまんでいると、時間の経過とともに垂れ下がるのが観察されます。この差は、観測時間の長さによって、物質が弾性的に振る舞ったり粘性的に振る舞ったりするためです。粘性的な挙動を示すのは、引っ張られ

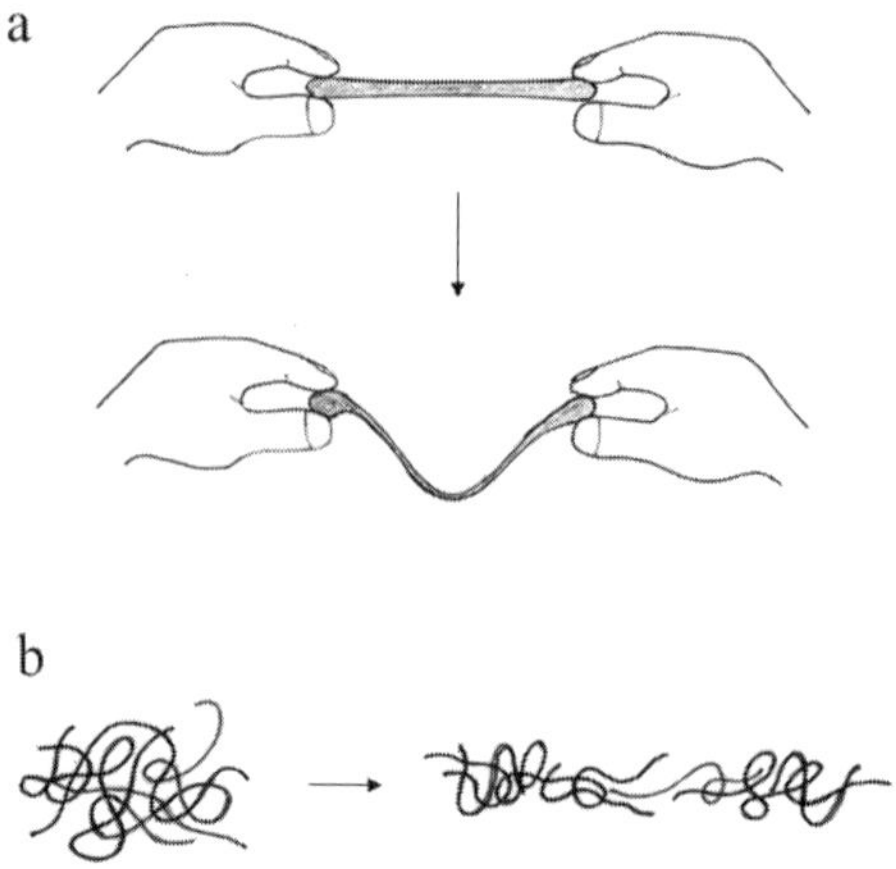

図 1.7　噛んだガムなどの粘弾性物質をゆっくりと引き伸ばしたときの様子（a）と長い分子（高分子）の絡み合いがほどけて流動が起こる様子（b）

たために、長い分子の絡み合いがほどけて分子の移動（流動）が起こるためです（図１・７ｂ）。

世の中に存在する物質の多くは、液体としての性質である粘性と、固体としての性質である弾性の両方をもっています。このような物質は粘弾性体と呼ばれます。関節液、血管などの生体物質、食品、プラスチックなど例をあげればきりがありません。第三章で説明する血液も、血流が停滞すると赤血球が凝集して一種の構造を形成するので、ずり弾性率の値は非常に小さいですが粘弾性体ということができます。

粘弾性の測定法

粘性と弾性を有する粘弾性体では、両方の性質を同時に測定することが必要です。測定法には静的測定法と動的測定法とがあります。レオロジー測定装置は、一般にレオメータと呼ばれます。

静的測定では、試料に一定のひずみ（変形）を加え、時間とともに減少する応力（応力緩和という）を測定する方法、および一定の応力を加え、時間とともに増加するひずみ（クリープという）を測定する方法があります。応力緩和とクリープのどちらを用いるかは、どのような粘弾性体であるかによります。血管、骨、高分子フィルムなど物質自身が形状を維持できる場合には、静的測定と動的測定が可能です。この場合は、測定しようとする試料を短冊のように加工し、両端を挟んで測定するのが便利です。

動的測定の一つの方法は、例えば正弦的（サインカーブのように）に変化するひずみを加えたときに、その応答としての正弦的に変化する応力を測定します。粘弾性体では、正弦的に変化する応力とひずみの間の位相がずれている（二つの波が一致しない）ので、その位相差も同時に測定します。試料に加えたひずみと応力の大きさ（正弦波の最大振幅）および位相差から、動的弾性率と粘性率（損失弾性率と呼ばれる）が求められます。これらの値は測定周波数に依存するので、周波数を変えて測定することによって多くの情報が得られます。

液体やゲル状物質では、測定容器に二重円筒やコーン・プレートを用い、動的測定が行われます。容器に試料を均一に入れることができない場合には、例えば平行板の間にゲルなどの物質を挟んだりする工夫が必要です。血液が凝固する場合のように、液体状態から徐々にゲル化する試料では、動的粘弾性の時間変化を一定周波数で測定することが行われます。

特殊なレオメータ

筆者は、血液凝固過程を調べる研究過程で減衰振動型レオメータを試作し、いろいろな測定に使用してきました。測定例は後で説明しますが、他に類のない測定装置を開発して新しいデータを得ることは、独創的な研究に不可欠であることを経験できました。この装置を開発するきっかけとなった研究の内容については第八章で述べますので、ここでは装置の原理を説明します（図1・8）。

液体試料の入った円筒状容器（チューブ）とコイルがアルミニウム管で結合している振動系は、吊線によって吊るされています。振動系を一定角度ねじって初期変位を与えるために、静磁場中に置かれたコイルに微弱な直流電流を流します。その後電流を流すのを止めると、振動系は回転振動を始めます。磁場中でコイルが回転振動をすることによって生じる誘導起電力を検出することによって、図に示すような減衰振動曲線が得られます。さらに、減衰振動曲線から対数減衰率が求められます。対数減衰率は、となり合うピークの比の自然対数で、その値は液体の流動性、すなわち粘度や弾性に関係する量です。試料の粘度が低いときには振動はすぐに減衰してしまいますが、粘度が高いときにはゆっくりと減衰します。

この現象は、生卵とゆで卵を机の上で回転させると、ゆで卵はなかなか回転が止まらないのに対し、生卵はすぐに回転が止まってしまうのに似ています。血液が凝固する過程では、血液が液体状

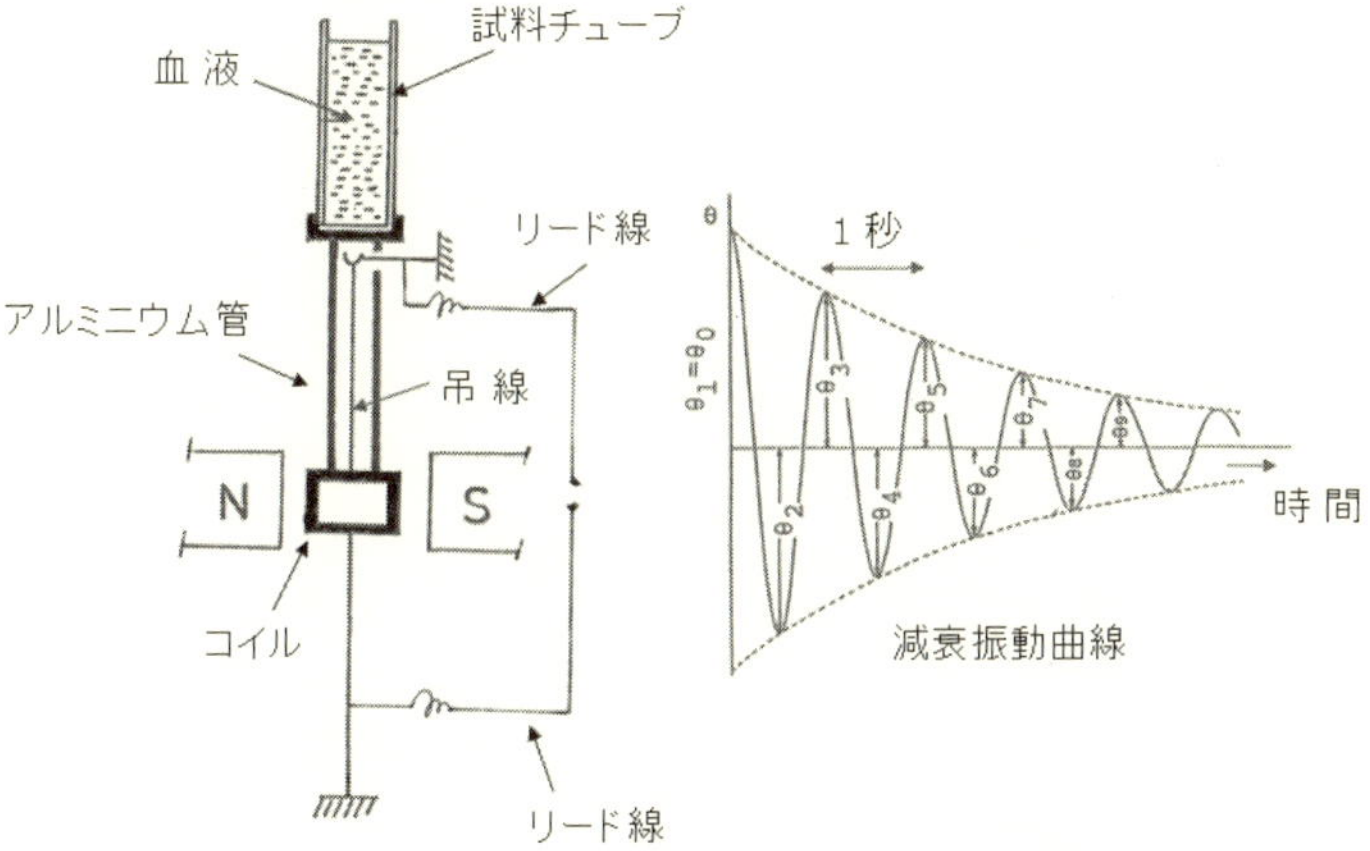

図 1.8　減衰振動型レオメータの原理図と減衰振動曲線。この装置の周波数は1 Hz

態のときには振動は減衰しますが、凝固してしまうと減衰しなくなります。この装置では時間とともに変化する対数減衰率を瞬時に求めることができるので、血液などが凝固する過程での対数減衰率（流動性）の時間変化を測定し、凝固開始時間を決定するのに適しています。

一般にレオメータの測定で用いる試料容器は、その装置に備わっているものが使用され、材質は主にステンレスです。減衰振動型レオメータでは、試料容器は円筒状で下端が閉じたものであれば、基本的にはどのようなサイズのものでも使用することが可能です。材質は、例えばガラス、ステンレス、人工血管に利用される高分子材料など目的に応じて選択できます。したがって、後で説明しますが、いろいろな測定に利用することができます。

第二章　生命の維持に不可欠な血液

血液は、酸素や二酸化炭素、いろいろな栄養物、ホルモンなどの生理活性物質、代謝によって生じた老廃物、熱などを運搬します。すべての血液成分は絶えず血液中に供給され、また絶えず血液から除去され、ほぼ一定濃度に保たれ、各臓器や組織が機能しています。したがって、健康診断などで血液中の成分を測定することによって、正常値から大きくはずれた成分がわかれば、疾患の診断や予防の手がかりとなります。

血液の構成成分

血液は、血液細胞（血球：赤血球、血小板、白血球）と血漿成分で構成されています。血液から血球成分を取り除いた淡い黄緑っぽい液体は、血漿と呼ばれます。試験管に入れた血液を遠心分離すると血球成分は下方に沈むので、血球成分と血漿成分を簡単に分離することができます。遠心分離をゆっくりとした回転で行うと、図2・1aに示すように赤血球は下に沈みますが、血小板と白血球は下に沈みません。それぞれの血球細胞の比重が違うためです。赤血球を除いた上層の白血球と血小板を含む血漿を多血小板血漿（ＰＲＰ）と

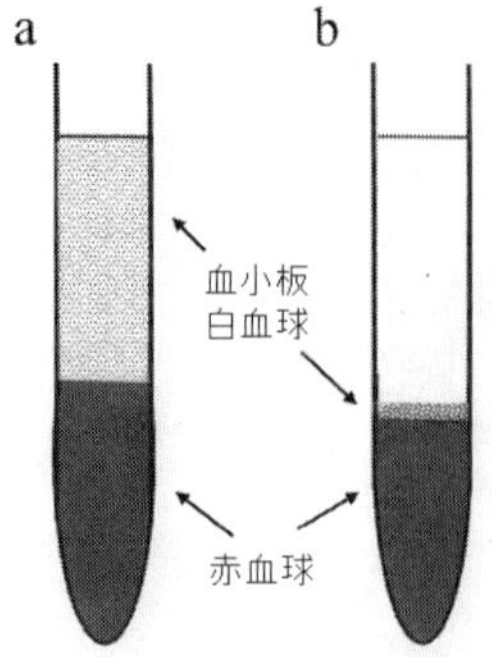

図 2.1 血液を試験管の中に入れ、遠心分離したときの様子。a：低速で遠心分離したとき、b：高速で遠心分離したとき

いいます。一方、高速回転で行うと、図２・１ｂに示すように全ての血球細胞は下に沈んでしまいます。この場合の上層部の血漿は、赤血球はもちろん白血球と血小板も含んでいませんので、無血小板血漿（ＰＦＰ）といいます。本書では、無血小板血漿、多血小板血漿という言葉が時々出てきます。無血小板血漿からフィブリノゲンという血液凝固にかかわるたんぱく質を取り除いた液体が血清です。血漿（ＰＦＰ）をガラス棒などでかきまぜると、フィブリンがガラス棒に線維状（医学系では繊維を線維と書く）に絡まってくるので、血清を得ることができます。血漿中には、たんぱく質、ナトリウム、カリウム、塩素などの無機塩、ビタミン、ホルモン、糖、脂質など、生命活動に必要な物質が含まれています。

血漿たんぱく質の役割

血液中には数多くのたんぱく質が存在しますが、その中でもアルブミン、グロブリン、フィブリノゲンはよく知られているたんぱく質です。血漿中に含まれるたんぱく質の総量は約七％で、アルブミンが最も量が多く全たんぱく質の五五～六五％、グロブリンは二〇～四五％、フィブリノゲンは四～七％を占めています。

アルブミンの主な働きは、血液の浸透圧を維持すること、さまざまな物質と結合して物質を運搬することです。血液中のアルブミン濃度が減少すると、血管から水分が外に出るので、体がむくんだ状態になります。

グロブリンにはα（アルファ）、β（ベータ）、γ（ガンマ）グロブリンの三種類があります。血漿中のホルモン、ビタミン、鉄や銅などを運ぶ役割は、α、β‐グロブリンが担っています。生体防御にかかわっているのが免疫（γ）グロブリンで、IgG, IgAなどが知られています。Igとはイムノ（免疫）グロブリンを意味します。

フィブリノゲンは、怪我をして出血したときに、血小板と協同で止血するという重要な働きがあります。フィブリノゲンはトロンビンという酵素によって最終的に三次元網目構造をつくり、血液をゲル化（凝固）させます。したがって、レオロジー測定によって、血液のゲル化機構やゲルの性質を調べることができます。フィブリノゲンのゲル化については第六章で詳しく説明します。

赤血球の働き

赤血球は、血球の中でも容易に大量に集めることができ、取り扱いが比較的簡単であるために、古くから生化学や細胞生物学などの分野で実験材料として用いられてきました。例えば、細胞膜の構造、細胞内外のイオンの分布、細胞内の代謝などが赤血球を用いて明らかになりました。赤血球内部に存在するヘモグロビンは、ヘムと呼ばれる色素部分とグロビンと呼ばれるたんぱく質からなる複合たんぱく質です。ヘム部分に存在する鉄原子に酸素が結合して酸素は血管の中を運搬されます。ヘモグロビンは、そのアミノ酸配列と高次構造が最初に決定されたたんぱく質です。

赤血球は、骨髄内で赤芽球として数日、その後、網状赤血球として血管の中を短期間循環し、さらに成熟した赤血球は約一二〇日の間血管内を循環して寿命を終えます。赤血球の直径は約八マイクロメートル（一マイクロメートルは 10^{-3} ミリメートル）、辺縁部での厚みは二〜三マイクロメートルで、中央部はくりぬかれていないドーナツ状（双凹円盤状）をしています（図2・2）。

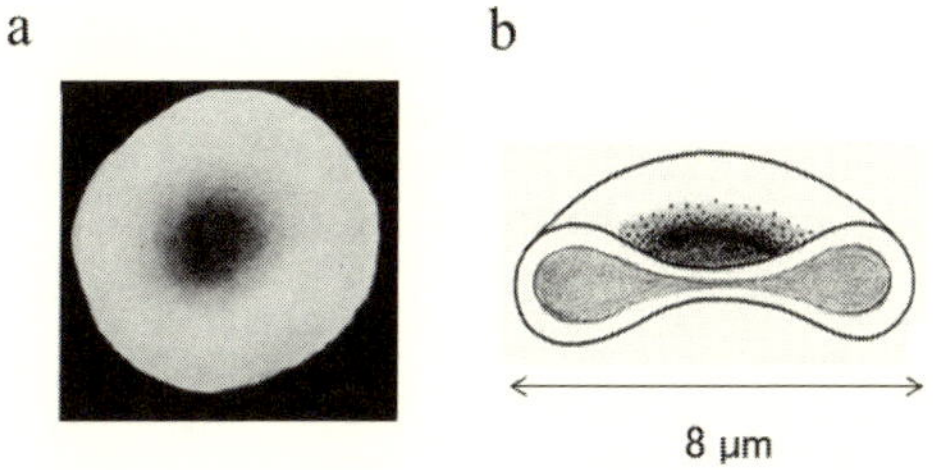

図 2.2　赤血球の走査型電子顕微鏡写真（a）と断面図（b）

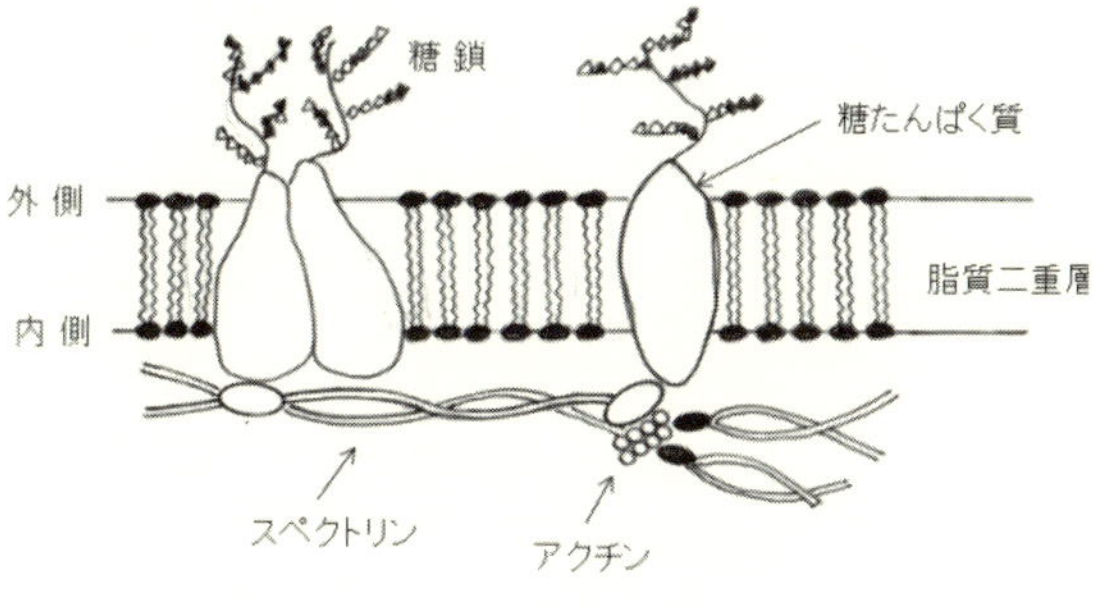

図 2.3　赤血球膜の構造

赤血球膜は、図2・3に示すように脂質二重層、糖たんぱく質と細胞骨格を形成するたんぱく質で構成されています。膜を貫通している糖たんぱく質は、細胞内への情報伝達や物質の透過に関与しています。血液型は、主に赤血球膜の外に出ている糖たんぱく質の糖鎖の種類によって決定されます。赤血球の内側に存在する複数の細胞骨格たんぱく質は、たんぱく質同士の横方向のつながりによって、網目構造からなる膜骨格を形成しています。細胞骨格たんぱく質の中心となるのはスペクトリンです。スペクトリンは、アクチンやその他のたんぱく質と協同して膜貫通たんぱく質と結合しているので、赤血球の形態、膜の安定性、変形性が保持されています。

赤血球は柔軟性に富んでいるので、微小循環（毛細血管など微小血管を通過する血液の流れ）での流動抵抗を減らすことができ、さらに毛細血管内を変形しながら簡単に通過できます。赤血球が毛細血管を通過する過程で、ヘモグロビンと結合した酸素は、赤血球膜を通り抜けて毛細血管へ拡散して組織に供給されます。一方、組織や細胞でつくられた二酸化炭素は毛細血管へ拡散し、赤血球内に取り込まれます。二酸化炭素は、赤血球内で主に重炭酸イオンとして肺まで輸送されます。赤血球の形が双凹円盤状であるために、ヘモグロビンから遊離した酸素は、赤血球膜を通って短時間で簡単に外部に拡散することができます。

血小板の働き

血小板の正常な形はほぼ球状で、そのサイズは二〜三マイクロメートルです。血流中に一立方ミリメートル（マイクロリットル）あたり二〇〜四〇万個存在します。成熟した血小板は赤血球と同様に核をもっていません。寿命は七～一〇日です。

血小板の最も重要な役割は止血です。血管が損傷した場所に血小板が粘着・凝集して血栓を形成し、血液の生体外への流失を防ぐという働きがあります。一方、血管内で血小板が凝集して血栓が形成されると、心筋梗塞や脳梗塞など生命の維持に危険を及ぼす可能性が起こるので、血小板は厄介な細胞でもあります。

白血球の働き

白血球は核をもっており、ほとんどすべての代謝系を備えている細胞です。白血球には、顆粒球、単球、リンパ球があります。顆粒球は、好中球、好酸球、好塩基球に分類されますが、これは顆粒球を染色して顕微鏡で観察したときの形や色の違いによって区別したものです。顆粒球の大部分は好中球です。顆粒球の大きさは一〇～一五マイクロメートル、単球は二〇～三〇マイクロメートル、リンパ球は六～一五マイクロメートルで、形はおおむね球形ですが、細胞によって若干異なっています。寿命は種類によって異なりますが、一日から数週間です。末梢の血流中の全白血球数は一立方ミリメートルあたり四〇〇〇～九〇〇〇個で、そのうち顆粒球が六〇～七〇％、単球が約七％、リンパ球が三〇～三五％です。

白血球は、生体内に侵入する細菌やウイルスから身を守る生体防御の役割を担っていますが、白血球の種類によって働きが異なります。顆粒球は、細菌などの異物が体内に入ってくると、血管壁を透過して細胞や組織間隙を遊走し、異物を白血球内に取り込みます（異物貪食作用）。単球は、血液中から組織へ移動して活性化したマクロファージに転換し、侵入した細菌や死んだ細胞などの異物を貪食します。骨髄で産生された一部の未熟なリンパ球は、胸腺（胸のほぼ中央部にあり、免疫機能の役目を担う臓器）に入り分化・成熟します。この細胞はT細胞と呼ばれ、生体にとって自己の細胞と異なる異物細胞の破壊や体内の免疫機構に関与します。胸腺を通らないで、骨髄の中で分化、成熟したリンパ球はB細胞と呼ばれ、免疫グロブリンの産生に関与します。NK細胞（ナチュラルキラー細胞）は、やや大きな細胞で、ウイルス感染細胞やある種の腫瘍細胞を非特異的（免疫的な記憶なしに）に破壊します。

第三章　血液の粘度—血液サラサラ・ドロドロの科学

健康や食品に関するテレビ番組、新聞、雑誌などで、血液〝サラサラ〟あるいは〝ドロドロ〟という言葉を見聞きします。あなたの血液はドロドロしているので、将来動脈硬化や脳梗塞あるいは心筋梗塞になる危険性があるといわれると、だれもが不安になってしまうでしょう。

日本語には、言葉を繰り返すことによって物質の性質を表現する方法があります。繰り返し言葉は、そのものの物性を誰もが同じように感じ取ることができる便利な言葉です。血液がドロドロしている、あるいはサラサラしているという表現は、血液の粘度が高い、あるいは低いということが直感的にわかる言葉です。この繰り返し言葉によって表される血液の状態と血液粘度について考えてみます。血液中に血栓が存在すれば血液の流動性は悪くなり、血漿中の中性脂肪などが極端に増加すれば血液粘度はかなり増加することは予想できますが、ここではそのような状態ではない血液について考察します。

血液の粘度―血液は非ニュートン流体

勾配のある小川を水が勢いよく流れているのを見ると、水がサラサラ流れていると感じるでしょう。一方、信濃川のように大きな川を水がゆったりと流れている場合には、水がサラサラ流れているとは誰も思いません。しかし、大きな川を流れている水の粘度と小川を流れている水の粘度は、温度が同じであれば同じなのです。第一章で説明したように、水はニュートン流体であることを思い出せば理解できます。水がサラサラと勢いよく流れるのは勾配が急なためであり、ポアズィユの法則で示される粘度は同じということになります。

血液は非ニュートン流体で、その粘度はずり速度に影響されます。回転粘度計を用いて血液粘度のずり速度依存性を測定すると、ずり速度の増加とともに血液の粘度は著しく減少します（図３・１の１）。太い動脈に相当するずり速度での粘度は四〜五ミリパスカル・秒です。一方、血流がほとんど停滞した部位でのようにずり速度が極度に低下すると、血液の粘度は一〇〇ミリパスカル・秒にもなります。

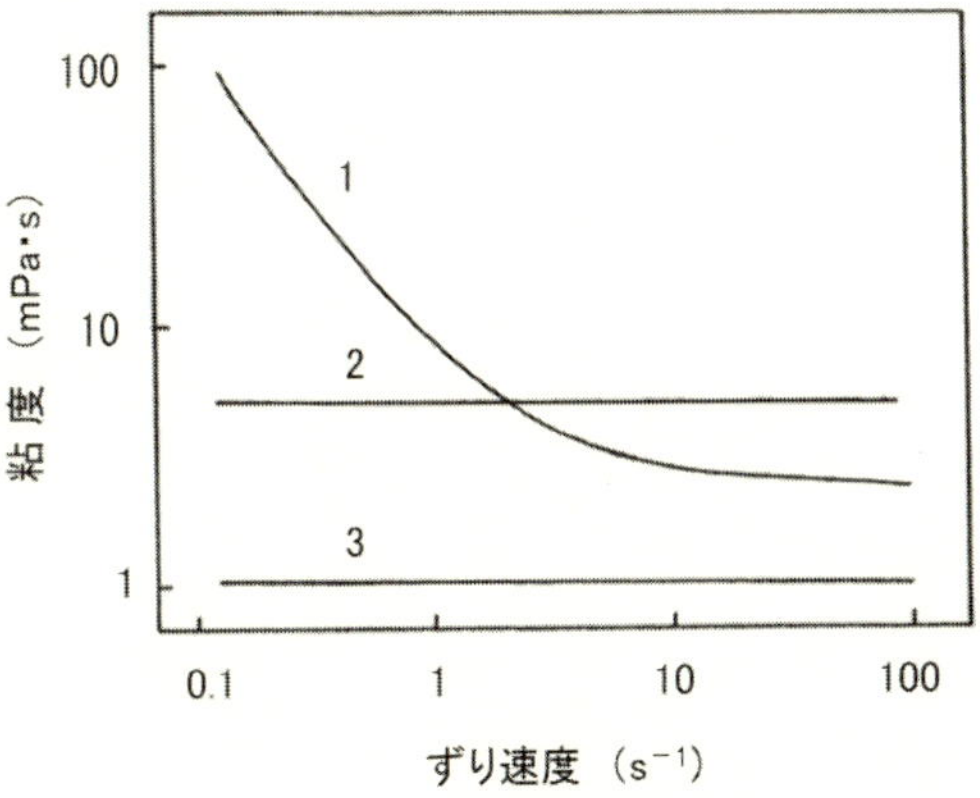

図 3.1　血液および血漿の粘度（粘性率）とずり速度の関係。1：全血、2：グルタルアルデヒドで処理した赤血球を血漿に懸濁した試料、3：血漿

一方、グルタルアルデヒドというたんぱく質を変性させる薬品を用いて赤血球膜表面を処理して変形能を低下させ、その赤血球を血漿に加えて粘度を測定すると、粘度のずり速度依存性はほとんどなくなります。特に高いずり速度では、全血の粘度よりも若干高くなります（図３・１の２）。

遠心分離によって血液から血球成分を除いた

血漿の粘度は、ずり速度に依存しません（図３・１の３）。正常なヒトの血漿粘度は、個体による差はほとんどなく、三七度で一・二〜一・三ミリパスカル・秒です。これらの実験事実をもとに、血液が非ニュートン粘性を示す原因について考えてみます。

赤血球は凝集する

全血中に含まれる血小板や白血球の量は赤血球に比べると極めて少ないので、血球成分のうち血液粘度に影響するのは主に赤血球です。血漿で希釈したヒトの血液を一滴スライドガラスに滴下し、その上にカバーガラスを被せて赤血球の様子を光学顕微鏡で観察すると、図３・２ａに示すように赤血球同士が互いに結合しあって凝集構造を形成しているのを見ることができます。この凝集構造は、ちょうどコイン（銭）を積み重ねたように連なって見えるので、連銭と呼ばれています。英語ではルロー（**rouleau**）といいます。

カバーガラスをピンセットのようなもので軽く押すと、赤血球はたちまちのうちにばらばらになってしまいますが、しばらく放置しておくと再び凝集構造を形成します。赤血球間の凝集力は非常に弱いので、わずかな力で凝集構造は簡単にこわれてしまいます。したがって、血液が非ニュートン粘性を示す原因の一つは、凝集構造を形成している赤血球が、ずり速度（ずり応力）の増加によってバラバラになるためということができます。

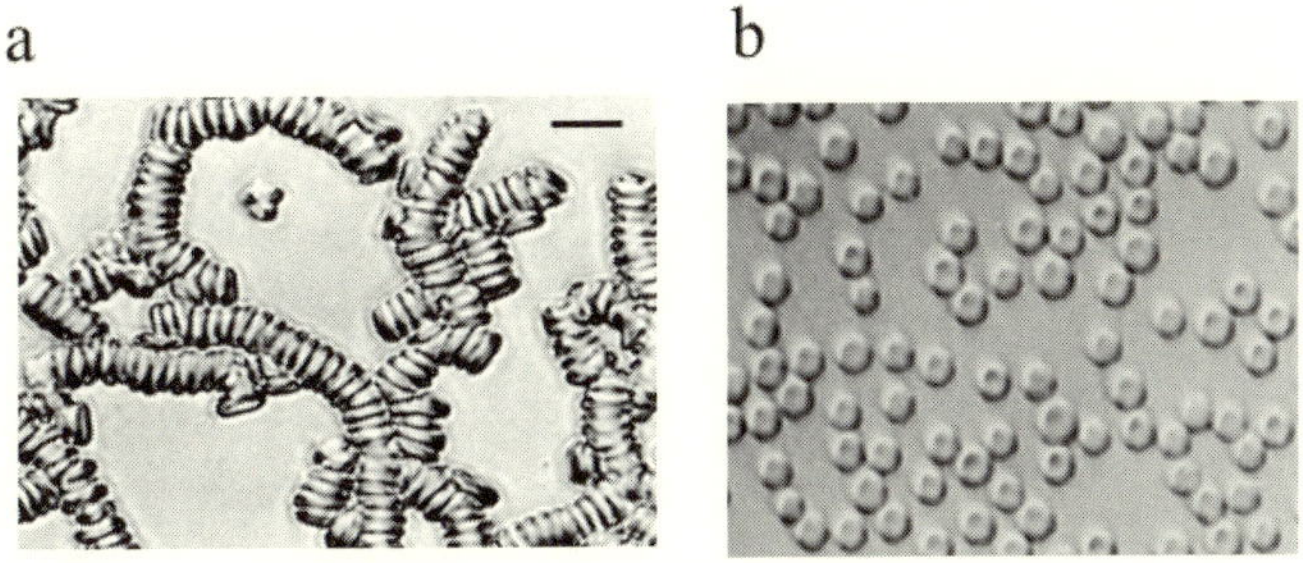

図 3.2　赤血球が凝集した状態（a）と凝集していない状態（b）（バーの長さは 10 µm を表す）

今まで述べた事実から、血液粘度が高いことと血液がドロドロしているという表現は一致しますが、顕微鏡下で赤血球を観察したときに、赤血球が凝集しているからといって、血液がドロドロしていると表現するのは適当でないことは明らかです。顕微鏡での観察は、血液の流れがない状態で見ているので、正常な赤血球が凝集するのは当然です。もう一つ重要なことは、赤血球濃度です。赤血球濃度を表す量としてヘマトクリットという言葉があります。血液全体に対する赤血球の体積が占める割合をパーセントで表した量です。正常者のヘマトクリットの値は男性と女性で若干ことなりますが、三五～五〇％です。採血した血液をスライドガラス上に一滴滴下して顕微鏡で観察すると、全体が真っ赤になってしまって、赤血球を見ることはできません。赤血球を観察するためには、血漿などで希釈してヘマトクリットを低くする必要があります。逆にヘマトクリットを極端に低くしてしまうと、赤血球の数が少なくなりすぎ、赤血球は独立に存在することになるので、図３・２ｂに示すように凝集構造は観察されなくなってしまいます。

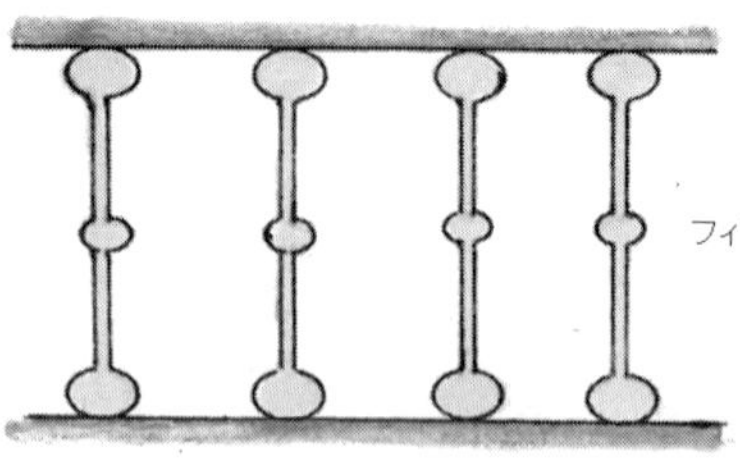

図 3.3　赤血球の凝集機構の説の一つであるブリッジモデル

赤血球が凝集構造を形成するためには、血漿中にフィブリノゲンやグロブリンが存在することが必要です。赤血球凝集のメカニズムには二つの説があります。比較的理解しやすい説として、図3・3に示すような赤血球間の橋架け（ブリッジ）モデルが提案されています。フィブリノゲンが、赤血球の間を互いに結びあうために凝集するという説です。血漿たんぱく質であるアルブミンは、赤血球間の凝集を抑制するように作用することが知られています。

赤血球の凝集に影響を及ぼすその他の因子には、赤血球膜の電荷があります。赤血球の表面にはシアル酸と呼ばれる負電荷をもつ糖鎖が存在するので、全体として赤血球膜はマイナスの電荷をもっています。このマイナス電荷によって赤血球同士は反発しますが、その反発に打ち勝って赤血球は凝集すると考えられます。

余談ですが、ウシとヒツジの赤血球は凝集しません。一方、ウマの赤血球はヒトの赤血球よりも激しく凝集します。イヌやブタの赤血球も凝集能の程度の差はありますが、凝集構造を形成します。ウシの赤血球膜表面の糖たんぱく質の一部をトリプシンという酵素を用いて切断すると、赤血球は凝集するようになります。生理的な条件では、赤血球膜表面から外に伸びている糖たんぱく質の立体構造が邪魔をして赤血球同士が接近できません。ところが、酵素によって糖たんぱく質が切断されると赤血球同士が接近できるようになり、赤血球間にフィブリノゲンによるブリッジの形成が可能になるので、赤血球は凝集するようになると考えられます。

赤血球が凝集する動物の血液のヘマトクリットは四〇～四五％ですが、赤血球が凝集しない動物種のヘマトクリットは三〇％程度です。血管の中を赤血球が凝集して流れると、流動抵抗が減少して血液は流れやすくなります。赤血球の凝集を血液の流動抵抗との関連から考えると、ヘマトクリットが高い血液では赤血球が凝集したほうが都合がよく、一方ヘマトクリットが低い場合には赤血球は凝集する必要がないのかもしれません。赤血球が凝集しない動物は、凝集を起こす動物に比べると動作がのんびりしているように思えますが、考えすぎでしょうか。

赤血球は変形する

ここまでで、ずり速度が低い領域では赤血球は凝集し、ずり速度の増加とともに凝集構造が破壊するので、粘度が低下することがわかりました。しかし、粘度の低下はそれだけではありません。赤血球が双凹円盤状の形をしているのは、ずり速度が低く赤血球に作用する力が小さいときのみです。図３・１の１で、ずり速度が高いところで、ずり速度の増加によってさらに粘度が低下しているのは、赤血球が変形するためです。図３・１の２に示すグルタルアルデヒドで固定した赤血球を血漿に入れた場合には、赤血球は凝集構造を形成しないだけでなく変形することができないので、粘度はずり速度によらずほとんど一定です。

流動下での赤血球の凝集や変形は、コーン・プレート型回転粘度計と顕微鏡を組み合わせた装置で観察できます。コーン・プレートは可視光やレーザー光を透過する透明な材質でつくられています。この装置を用いて、赤血球を粘度の高い例えばデキストラン（多糖類）水溶液に浮遊させ、一定ずり応力を負荷しながら赤血球を顕微鏡で観察すると、図３・４に示すように高いずり応力によって赤血球は双凹円盤状から変形して細長くなります。赤血球は非常に変形しやすい細胞であることがよくわかります。

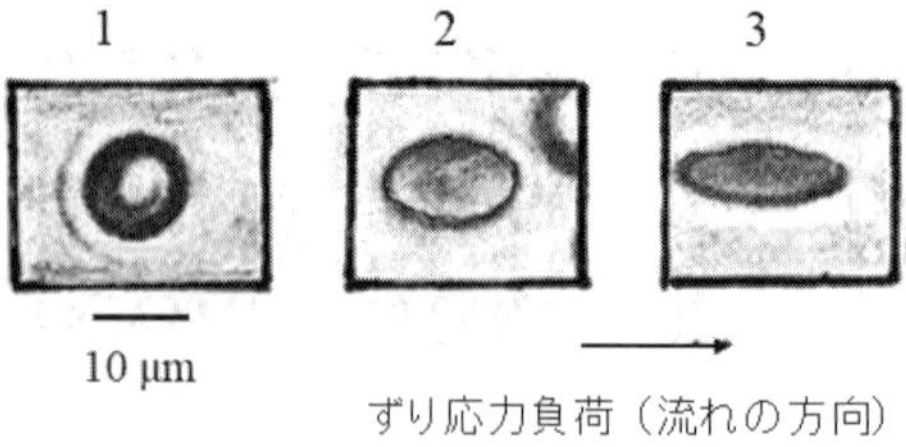

図 3.4　赤血球に流れのずり応力を負荷したときの変形の様子。1：静止状態、2：2 N/m^2 のずり応力を負荷、3：7.6 N/m^2 のずり応力を負荷（昆和典、志賀健、日本バイオレオロジー学会誌、**3**, 2, 1989 より）

赤血球は、生体内のさまざまなエネルギー代謝の中心的な役割を担っているＡＴＰ（アデノシン三リン酸）のエネルギーによって代謝していますが、ＡＴＰ濃度が低下すると赤血球はわずかに球形化し変形しにくくなります。また、膜成分の変化、赤血球の内部粘度が増加しても変形能は低下します。赤血球は骨髄で生まれたあと約一二〇日の間血管の中を循環しますが、その間に徐々に老化して変形能が低下し、脾臓で回収され分解されてしまいます。

細い管の中の血液の流れ

管径が数百マイクロメートル以下の毛細管を用いて血液の粘度を測定すると、管径が小さくなるにつれて粘度は減少するという奇妙なことが起こります（図３・５）。水や血漿ではこのようなことは起こりません。この現象はファーレウス - リンドクウィスト効果と呼ばれます。管の中を血液が流れるとき、赤血球は流れの速い管の中心部を流れます（軸集中効果と呼ばれる）。一方、管壁に近い流れの遅い部位では、血漿のみが流れる血漿層が形成されます。血漿層の出現によって血流量が増し、血液粘度は減少します。粘度が管の半径に依存する現象は、血液のみならずミルクなどのサスペンションでも見られ、一般にはシグマ効果と呼ばれます。

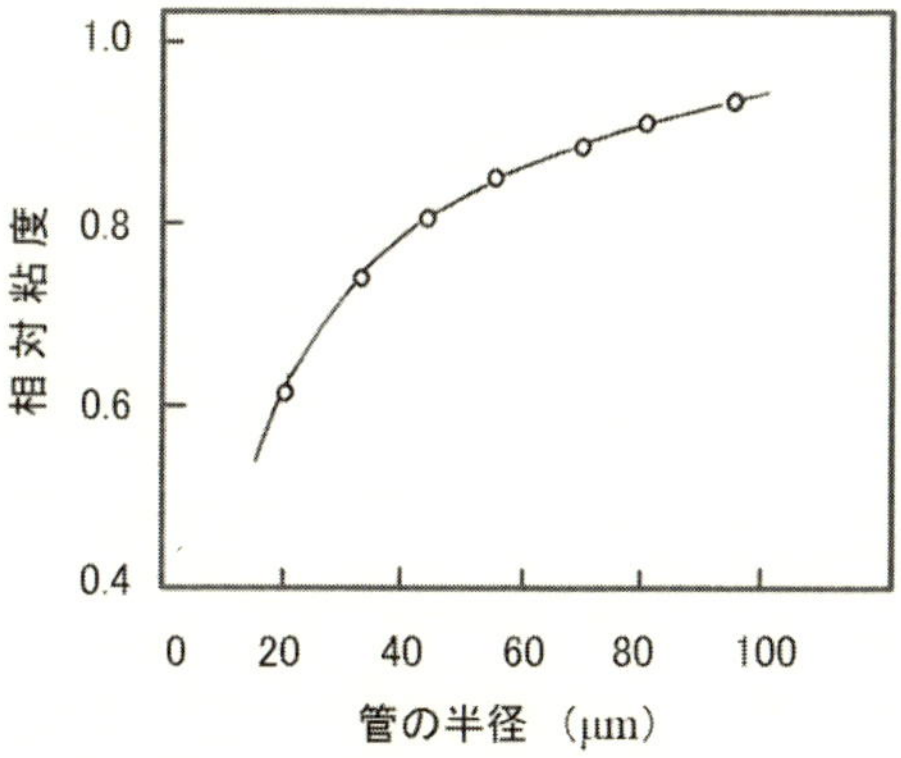

図 3.5　ファーレウス - リンドクウィスト効果。200 μm 以上の管での粘度を 1 としたときの相対的な値

第四章　血液循環と血液細胞のレオロジー

血液が体の中を循環する過程で、血液は心臓の中で激流にさらされ、さらに細い毛細血管の中を通過します。血液循環に大きな影響を及ぼすのは数が多い赤血球で、赤血球は強靭さとともにしなやかさを兼ね備えていなければなりません。動脈、静脈および毛細血管での血液循環には、特に赤血球の流動挙動やレオロジー的性質が大きく関係しています。

動脈の血液循環

血液は、心臓の収縮によって、左心室から大動脈に間歇的に押し出されます。そのとき、大動脈は一時的に膨らみますが、血管の弾性力によって膨らみは元に戻されるので、血液は拍動的ですがスムーズに流れることができます。

大動脈は、弾性線維であるエラスチンに富むので弾性動脈と呼ばれ、高い血圧にも耐えることができます。中小動脈には平滑筋細胞が多く存在し、筋性動脈と呼ばれています。平滑筋の働きによって血管の太さが調節されるので、分岐する血管への血流の分配が行われます。

心臓の拡張と収縮に応じて血液が拍動的に流動するのは細動脈までです。さらに血管径が小さい微小循環領域になると、拍動的な流れは消失して連続的に流れるようになります。この領域では、赤血球は流れの速い血管の中央へ移動して凝集しながら流れるので、血管壁の近くに血漿層が形成されます。血漿層の存在は、血管壁と血液の間の抵抗を減少させるので、血液循環にとって都合がよいと考えられます。

静脈の血液循環

静脈の特徴は、内膜と中膜が薄く、外膜がコラーゲンを中心とする膠原線維に富んでいることです。静脈は動脈に比べて弾力性に乏しく、拡張と伸展性に富んでいます。足と腕の静脈には弁があり、体全体の血液量の変化に応じて血液を溜め込み、血流量の調節を行うことができるので、容量血管と呼ばれています。

下肢静脈からの血液の移動は、心臓の拍動の影響を全く受けておらず、末梢から重力に逆らって血液を心臓に戻すことのできる機構が備わっています。静脈弁の存在に加えて、下肢の運動による筋肉の収縮と呼吸時の横隔膜の運動などが加わることによって、血液は体の上方部へ移動できます。したがって、長時間じっと座っていたり、長期間ベッドに横たわっていることは、血流が停滞してしまうので、循環系に悪影響を及ぼすことになります。

毛細血管内の赤血球の移動

毛細血管は各組織の中を網目状に分岐して広がり、細い動脈と細い静脈をつなぐ血管です。毛細

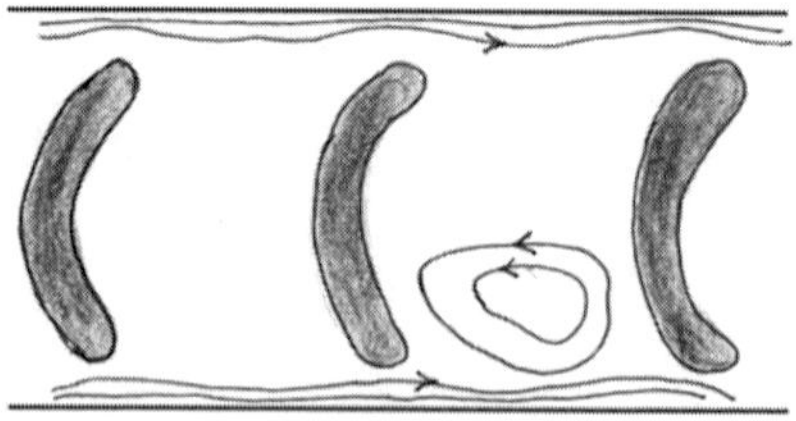

図4.1　ボーラス流

血管の壁は非常に薄く、一層の扁平な血管内皮細胞が管腔をつくり、その外側に基底膜があります。毛細血管の内径は一〇マイクロメートル以下で、一つの赤血球がやっと通過できる太さです。毛細血管での血流速度は〇・〇五〜〇・一センチメートル／秒です。毛細血管では、血液と周囲組織との間での酸素、栄養、老廃物の交換が行われます。

毛細血管の直径が八マイクロメートル以下になると、赤血球はもはや凝集して流れることはできず、赤血球一つひとつが孤立して流れるようになります。赤血球と赤血球の間に閉じ込められた血漿は、図4・1に示すように回転しながら移動します。このような流れはボーラス流と呼ばれ、毛細血管での赤血球からの酸素の放出にとって効率的であると考えられます。

毛細血管通過時の赤血球の変形は、赤血球に加わるずり応力とヘマトクリットに影響され、さまざまな形（例えばスリッパ状）をして移動します。赤血球が高いずり応力にさらされると、赤血球膜は赤血球内のヘモグロビンの周りをブルドーザのキャタピラのように回転します。この赤血球膜の動きは、タンクトレッド運動と呼ばれています。

血小板と白血球の移動

血小板はサイズが小さいので、どのような血管の中でも自由に移動できますが、微小循環系では血管壁近くに形成される血漿層に多く存在します。

白血球は流速が大きい状態では血管の中心部を流れ、流速が低下した部位では血管壁に沿ってゆっくりと回転しながら移動します。白血球は数が少ないので、太い血管内での血液の流れに影響を及ぼすことはほとんどありません。細い血管の中を通過するときにはわずかに形を変えながら通り抜けることができますが、時には流れを妨げることにもなります。白血球が毛細血管を通過しにくいのは、核の存在と内部粘度が高いためです。

赤血球のレオロジー

赤血球の変形能は、赤血球の形、赤血球膜内の粘度、赤血球膜のレオロジー的性質に依存します。さまざまな疾患で赤血球の変形能は低下しますが、赤血球の変形能が低下すると微小循環での血液循環を悪化させ、病気を誘発する可能性があります。したがって、赤血球のレオロジー的性質は、医学的にも基礎科学の研究対象として大変興味があります。

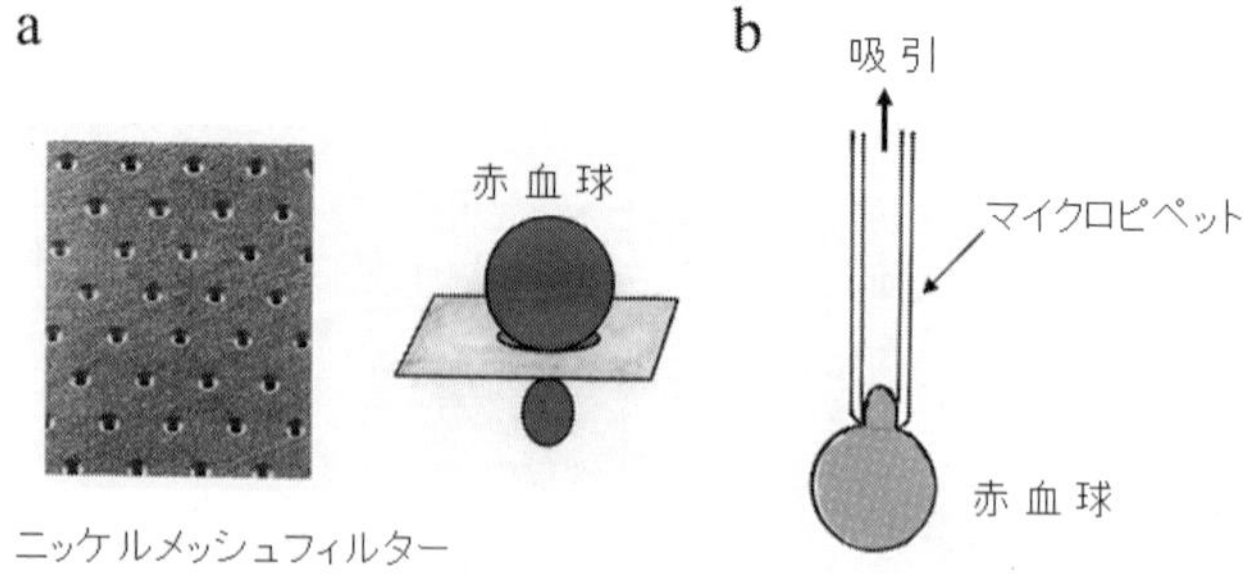

図 4.2　赤血球の変形能の測定法。a：フィルトレーション法、b：吸引法（a のニッケルメッシュフィルターの写真は、Seki R., Uyesaka N., ほか、日本バイオレオロジー学会誌、**19**, 50, 2005 より）

直径が八マイクロメートル程度の小さな赤血球の変形能や赤血球膜のレオロジー的性質の測定に、一般的に使われているレオロジーの測定法をそのまま利用することはできません。赤血球の懸濁液（サスペンション）にずり応力を負荷して赤血球の変形を観察する方法については第三章で説明しました。赤血球変形能の測定でよく用いられる方法として、図４・２ａに示すフィルトレーション法がありま す。直径が一センチメートル程度の薄いニッケルやポリカーボネートでつくられた膜に、直径が三マイクロメートル程度の多数の小さな孔をあけたフィルター膜を用います。フィルター膜の上部に長さが約一〇センチメートルの管を取りつけ、管の中に血液を入れて一定圧力のもとで、一定量の赤血球サスペンションが膜を透過する時間を測定します。赤血球サスペンションがフィルター膜を通過するときの圧力差の変化を測定する方法もあります。赤血球間の相互作用が起こらないように、ヘマトクリットは低い値（一〇％以下）に調製して測定します。

その他、先端が一マイクロメートル程度のマイクロピペットによって、赤血球の一部がピペットに入る様子を観察する方法（図４・２b）もあります。赤血球膜のレオロジー的性質を、厚みのない二次元平面膜として解析した研究を紹介します。その解析法は少々複雑になるので省略しますが、ずり弾性率を求めるためにあらかじめ球形に膨らませておいた赤血球を、マイクロピペットを用いて陰圧で吸引します。そのときの吸引圧と吸引された赤血球の長さの関係を顕微鏡の観察下で計測します。膜の粘性率は、吸引を止めたとき（外力を除いたとき）に赤血球が元の形に戻るまでの時間から求めます。この解析によって得られた赤血球膜のずり弾性率の値は 6.6×10^{-6} N/m、粘性率は $(6\sim8)\times10^{-7}$ N・s/m 程度で、非常に小さな値です。N（ニュートン）は力の単位で、一ニュートンは 10^5 dyn（ダイン）です。赤血球膜を二次元平面膜として取り扱っているので、一般の弾性率の単位（N/m^2）とは異なります。この結果は、赤血球膜は非常に変形しやすいことを示しています。

赤血球は生まれてから約一二〇日の間血管内を循環することはすでに述べましたが、このことは絶えず古い赤血球が回収され、それに変わって新しい赤血球が産生されることを意味します。赤血球が老化すると、赤血球の比重の増加、表面積の減少、体積の減少、円盤状から球状に形が変化します。古くなった赤血球は、脾臓でマクロファージによって貪食・分解され回収されます。その回収機構については、マクロファージが赤血球の負電荷を担っているシアル酸（糖鎖）の減少を認識するという説、特有のフィルター構造をもつ脾臓を赤血球が通過するときに、脾臓が赤血球の変形能の低下を認識して回収するという説があります。

小さな血小板のレオロジー測定

血小板は二マイクロメートル程度の非常に小さな細胞であり、かつ機械的刺激を与えることによっても活性化してしまうので、レオロジー的性質を赤血球と同じような方法で測定することは困難です。そこでさまざまな工夫をして測定することが試みられてきました。

血小板サスペンションに超音波を照射して血小板から収縮たんぱく質を抽出し、その溶液のゲル化過程の動的粘弾性をコーン・プレート型レオメータで測定した実験があります。ＡＴＰとカルシウムイオンが存在すると、収縮たんぱく質であるアクトミオシン（筋肉の構成たんぱく質であるアクチンとミオシンの複合体）の集合・解離を繰り返しながらゲル化が進むので、カルシウム濃度に依存した一ニュートン／平方メートル程度の非常に小さな動的ずり弾性率の複雑な変化が観測されます。

ガラス試験管内でも血小板の収縮能による現象を簡単に観察することができます。採血した血液をガラス試験管に入れておくと凝固しますが、しばらくすると図４・３に示すよう

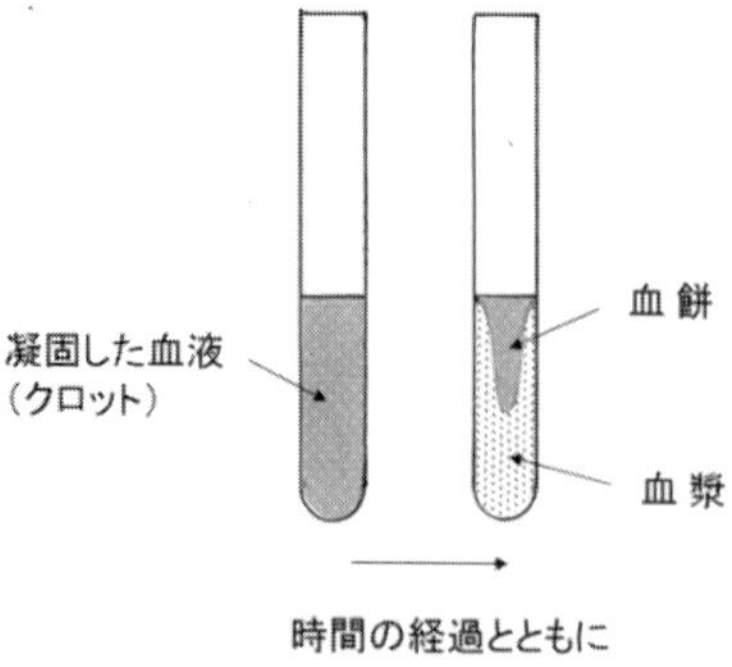

図 4.3　血餅収縮の様子

に凝固した血液（クロット）がガラス壁から剥離して収縮するのが見られます。これを血餅収縮といいます。フィブリンと血小板から形成されているクロットでは、図４・４に示すように多数のフィブリンと血小板とが互いに結合しています。血餅収縮過程では、血小板内のアクトミオシンと

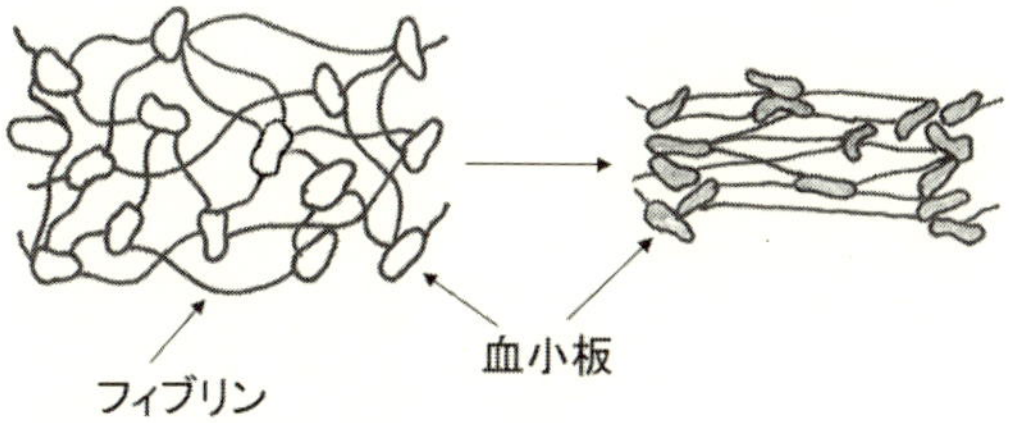

図 4.4　血餅収縮過程でのフィブリンと血小板の相互作用の様子（Cohen I., ほか、J. Cell Biology, **93**, 775, 1982 の一部をもとに描きなおす）

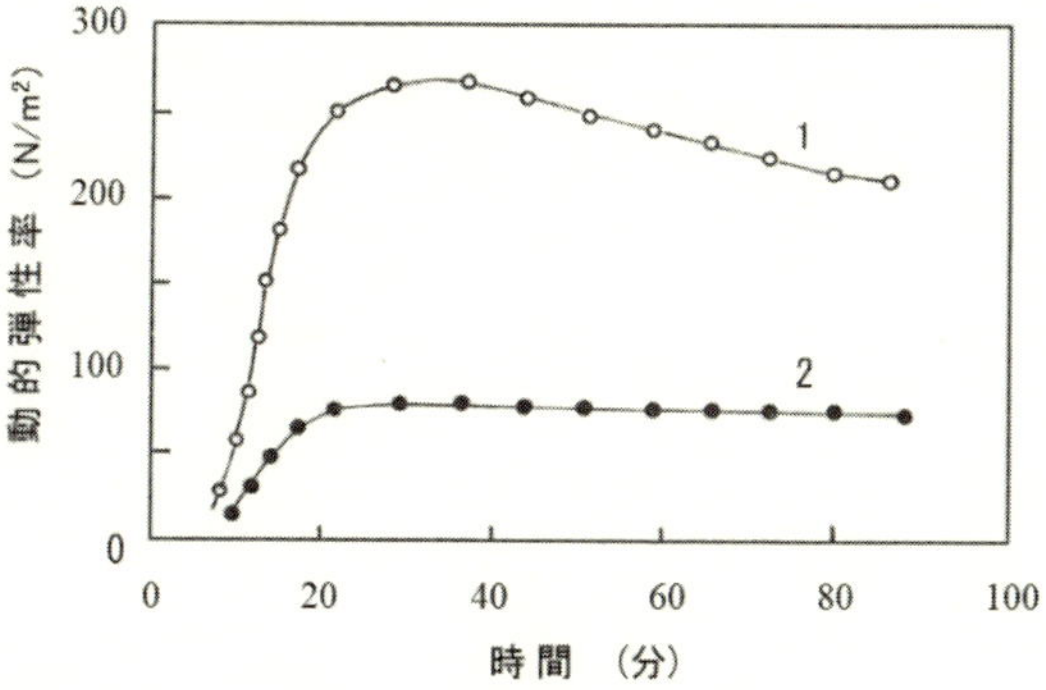

図 4.5　血小板無力症（グランツマン病）および正常な多血小板血漿（PRP）の凝固に伴う動的弾性率の比較。1：正常、2：　血小板無力症

フィブリンの相互作用によって、フィブリンは血小板内に引き込まれます。その結果、クロットの内部で血小板とフィブリン線維の相互作用に伴う網目構造の再構築があり、血餅収縮が起こると考えられます。

血餅収縮が低下あるいは欠如している血小板無力症（グランツマン病）という疾患があります。血小板無力症疾患患者と正常者の血漿の凝固過程の動的弾性率の変化を比較した結果を図４・５に示します。血小板無力症の動的弾性率の最大値は正常者に比べて小さく、最大になった後の減少はほとんどありません。血小板無力症では血小板とフィブリン線維とが結合できず、血小板同士が凝集できないので血餅収縮が起こらないと考えられます。正常な血液の動的弾性率の変化については第六章で説明します。

刺激で活性化する白血球のレオロジー測定

白血球は刺激がない状態では球形に近い形をしていますが、刺激によって球形から偽足（表面の突起）を出した不規則な形に変形して硬くなります。したがって、血小板同様レオロジー的測定は簡単ではありません。白血球のレオロジー的挙動を測定することを試みた実験があります。内径が二マイクロメートル程度のマイクロピペットによって好中球の一部を一定圧力で吸引し、ピペットの中に引き込まれた部分の長さ（変形量）の時間変化を測定します。白血球の能動的な変形がない状態では、吸引開始と同時に弾性変形が起こり、それに続いてゆっくりとした変形（クリープ）が起こります。一方、何らかの刺激によって能動的に変形した白血球の一部を吸引すると、吸引部位によって変形挙動が異なります。白血球の中心部分は普通の白血球と同じように変形しますが、偽足の部分はわずかに変形するだけです。偽足部分のレオロジー的性質には、偽足の形成に関与する収縮たんぱく質の構造変化（重合）が影響しています。

第五章　臨床血液レオロジー

血液粘度の上昇、ヘマトクリットの増加、赤血球変形能の低下など、血液レオロジー的因子が正常な範囲ではない疾患があります。これらの異常は血液の流動状態に影響し、血栓形成や動脈硬化などの循環系に関連する疾患の発症の原因となります。血液のレオロジー的な問題を臨床的な立場から調べる分野は、臨床血液レオロジー（クリニカルヘモレオロジー）と呼ばれます。

血沈

体の調子がどうも思わしくないと感じて病院へ行くと、たいていの場合血液検査をしましょうということになります。真空採血管などを用いて肘静脈から採血し、分析装置を用いていろいろな項目が測定されます。数日後に再び病院を訪れたときに、プリントアウトされたデータを見て、お医者さんから正常ですといってもらえればひと安心ということになります。コンピュータに各項目の正常値の範囲が入力されているので、少しでも正常な値からはずれているとマークがつけられてしまいます。

血液のいろいろな項目について高感度に測定できる分析装置が使われるようになったのは、そんなに昔のことではありません。それまでは、赤血球沈降速度（血沈あるいは赤沈と呼ばれる）を測定して病状を調べる方法が一つの検査法として広く用いられてきました。一九一八年にスウェーデンのファーレウスは、妊婦さんの血沈が異常に速く起こることを発見し、それ以後血沈測定が臨床に用いられるようになりました。戦後、結核の診断などに使われた時代もありました。血沈は、長さが三〇センチメートル程度のガラス管（血沈用ピペット）の中にヘパリンなどの凝固防止剤の入った血液を入れ、ガラス管を垂直に立てるだけの非常に簡単な方法で測定できます。一定時間（例えば一時間）後に、ガラス管中の血液の先端部から赤血球が何ミリメートル沈んだかを読み取ります。

血沈は、赤血球が重力によって血液中を自然落下するために起こります。赤血球一個、あるいはその凝集体を球と仮定すると、落下速度は凝集体の半径の2乗に比例し、血液の粘度に反比例します。一般に血液中にはさまざまな大きさの赤血球の凝集塊が存在し、凝集塊のサイズが大きいほど血沈は促進します。赤血球の凝集を促進する物質は、フィブリノゲンやグロブリンであることはすでに述べました。特にフィブリノゲンの影響は大きく、感染症、悪性腫瘍、結核、糖尿病などで血沈が促進します。例えば、血沈の正常な一時間値は、男性では一～五ミリメートル、女性では四～一〇ミリメートルですが、血沈が亢進している場合は症状の程度にもよりますが、五〇～一〇〇ミリメートルに達することもあります。

筆者は風邪を引いているときに、自分の血液を用いて第一章で説明した減衰振動型レオメータを用いて血液凝固の実験を行ったことがあります。ところが、チューブの中で血沈が起こって赤血球と血漿部分が分離してしまったために、血液凝固開始時間を決定することができず、せっかく採血した血液を無駄にしてしまいました。二週間後に、もう風邪は治ったであろうと思い、二週間前と同じ実験を行ったところ、相変わらず血沈が起こってしまいました。血液は正直なもので、風邪が完治したと思っても、実際には炎症は完全には治まっていなかったのです。血沈が起こらなくなるまでに、一ヶ月ほどかかってしまった経験があります。

血沈の迅速測定法を開発したけれども

現在、高感度で迅速に血液の検査が自動的にできる機器のあることが大きな原因ですが、看護婦さん（現在は看護師）や臨床検査技師さんが、忙しい仕事の最中に一定時間ごとに血沈の値を読むことが大変なことであることも、血沈測定が行われなくなった一因でしょう。筆者らは、減衰振動型レオメータが血沈に敏感であることを利用し、今から約三〇年前に血沈の値を短時間に自動的に測定する方法を開発し、特許を取得しました。体温を体温計で測るのに、昔は五～六分間脇の下に入れてじっと待っていましたが、最近の体温計は短時間脇の下に入れておくだけで体温を予測できます。この迅速測定法に似た方法です。減衰振動型レオメータを用いた測定では、血液中の赤血球が沈降する前に起こる赤血球の凝集に伴う血液粘度の変化を四、五分測定するだけで、血沈の三〇分あるいは六〇分での値を予測することができます。残念ながら、このアイデアは日の目をみることはありませんでした。

血液粘度の異常

低密度のリポたんぱく質（ＬＤＬ、脂質とたんぱく質が結合したもので、血液中に安定して存在）や中性脂肪などの増加によっても血漿粘度は上昇します。その上昇の程度はあまり大きくはありませんが、赤血球の凝集が加わると血液粘度は上昇します。

血漿たんぱく質のフィブリノゲンやグロブリン濃度の増加は赤血球の凝集を促進するので、血液の粘度は特に低いずり速度で高くなります。血管の中を粘度の高い血液を無理に流動させようとすると心臓に負担がかかり、循環系のいろいろなところに悪影響を及ぼす可能性があります。

赤血球変形能の低下

正常な赤血球は柔軟で、細い血管の中を変形しながら簡単に通過することができます。ところが、変形能が低下した赤血球は、毛細血管の通過に影響を及ぼし、その結果として組織や臓器への酸素の供給が低下するとともに、老廃物の組織からの運搬の機能が低下します。糖尿病、脳梗塞、溶血性貧血や妊娠時などで、赤血球の変形能が低下している場合のあることが報告されています。

日本人には鎌形赤血球をもつ人はいませんが、アフリカやアメリカの一部の人種には鎌形赤血球

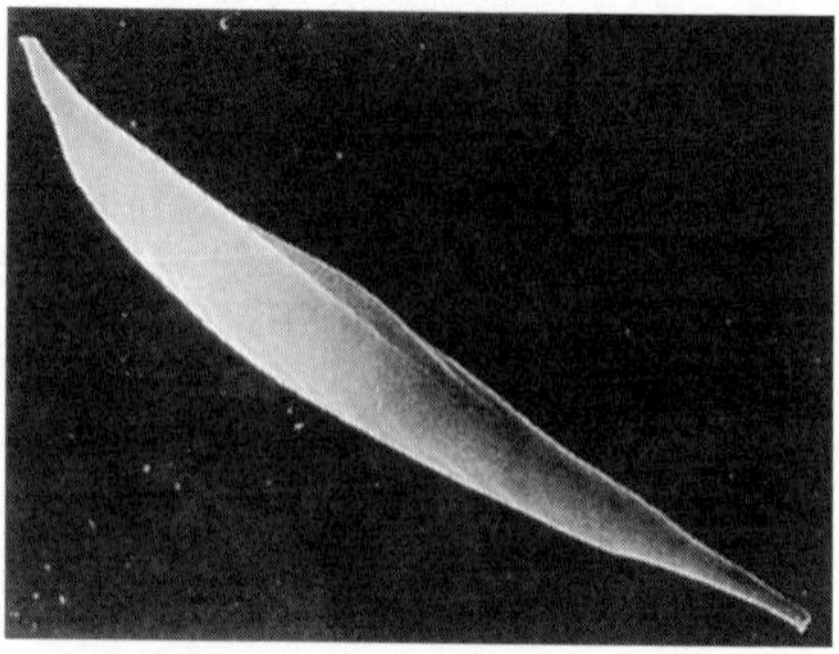

図 5.1　鎌形赤血球が低酸素状態で変形した様子（Uyesaka N., ほか、日本バイオレオロジー学会誌、**18**, 12, 2004 より）

をもっている人がいます。この赤血球は、ヘモグロビンの一部のアミノ酸配列が正常なものと遺伝的に異なります。低酸素状態になるとヘモグロビン分子が互いに会合してゲル状態になり、赤血球の形が図５・１に示すように三日月状あるいは鎌形になるので、赤血球は毛細血管を通過しにくくなります。

赤血球数が増加する疾患

血液中の赤血球量が異常に高い疾患は、赤血球増加症あるいは多血症と呼ばれます。正常なヘマトクリット値は男女で多少異なりますが三五～五〇％です。この正常値よりも高い疾患が多血症です。ヘマトクリットが増加すると、血液粘度は指数関数的に急激に増加します。

多血症の原因には、骨髄で赤血球が多量につくられてしまう真性多血症と、高熱、下痢、やけどなどによる脱水で血液中の水分が血管外に出てしまうために、ヘマトクリットが増加する場合があります。その他に、ストレスや喫煙でも赤血球が増加することもありますが、慢性的には肥満、高血圧症などを伴うこともあります。症状としては赤ら顔、頭痛、めまい、息切れ、呼吸困難などがあります。治療にはヘマトクリット値を下げることが有効であり、血液を体外に取り除く瀉血、あるいは血液の希釈が行われます。

環境に適応するために赤血球が増加する場合があります。例えば、高地で長いこと生活していると低酸素状態になるので、体内で赤血球の分化を刺激するホルモンの産生が高まり、赤血球が多量につくられます。マラソンのトレーニングを高地で行うことがありますが、短期間のトレーニングでは、脈拍が増すことによって多量の血液が心臓から押し出され、組織や臓器への酸素の供給が促進されます。数ヶ月トレーニングを続けると赤血球数が増加するので、酸素を有効に体内に取り入れることができるようになります。ただし、ヘマトクリットが増加すると血液粘度が高くなるので、循環系に悪影響を及ぼす可能性があります。

貧血、溶血と血液レオロジー

多血症に比べると赤血球減少症（貧血）のほうが圧倒的に多くあります。この貧血は、脳の血管で血液の流れが一時的に低下して起こる脳貧血とは異なり、血液中の赤血球数の減少、あるいは赤血球中のヘモグロビン濃度が低下することによって起こります。お医者さんがまぶたをひっくり返えして調べるのは、まぶたの内側の粘膜の色を見て貧血があるかどうかを確認しているのです。貧血によって息切れ、動悸、頭痛やめまいが起こることがあります。貧血が起こると組織や臓器の酸素が不足し、これを補うために心臓は一生懸命に働き、酸素を体全体に送ろうとするので、これが動悸となって現れます。

貧血には溶血性貧血、鉄欠乏性貧血、再生不良性貧血などがあります。赤血球の寿命が来る前に何らかの原因で赤血球が破壊してしまい、ヘモグロビンが赤血球から外に出てしまうことを溶血といいます。溶血が起こってもすぐに赤血球がつくられればよいのですが、溶血の速度が速くて赤血球の産生が間に合わなければ貧血になります。鉄欠乏性貧血は、赤血球をつくるのに必要な材料である鉄が不足するのが原因で起こります。赤血球は球状化し変形能が低下するので、毛細血管を通過するときの流動抵抗が増加して心臓の負担が増大します。さらに、変形能が低下した赤血球は、脾臓で認識され回収されてしまい、症状が悪化する可能性があります。再生不良性貧血は、骨髄の血液細胞の産生能力が低下していて、赤血球、白血球、血小板の数が減少する疾患です。

力学的（機械的）刺激によっても溶血することがあります。長い時間歩いたり、激しいスポーツをしたときに、足の裏の表面に近い血管で赤血球が損傷し、溶血が起こる可能性があることを聞いたことがあります。血球細胞にずり応力を加えることによって起こる損傷について、回転粘度計を用いて調べることができます。赤血球を緩衝溶液に分散させた懸濁液に三五〜一五〇ニュートン／平方メートルのずり応力を数分間加えると、赤血球の形態変化と溶血が起こります。瞬間的な力で溶血を引き起こすためには、10^3 の桁のずり応力の負荷が必要です。血小板では、一〇ニュートン／平方メートルのずり応力を数分間加えると血小板の凝集、血小板内部からの物質の放出が起こることが報告されています。この実験でのずり応力の大きさは、生体内の正常な血液循環で生ずるずり応力よりも一〜三桁大きい値です。よほど長時間歩いたり、よほど激しいスポーツを行わない限りは、足の裏の血管で溶血が起こることはないのかもしれません。

糖尿病での血液レオロジーの異常

生活習慣病の一つである糖尿病は、インスリンの量が不足したり作用が悪いことが原因で、血液中の血糖値が高い状態に維持されてしまうことです。正常な状態では膵臓から分泌されるインスリンの働きによって血糖値が一定の範囲にあります。この病気の恐ろしいところは、さまざまな病気が合併して起こることです。例えば、微小血管系が損傷することで、最終的に眼の視力が失われてしまう網膜症、あるいは腎臓の機能の低下などを誘発してしまいます。糖尿病では動脈硬化の進展とともに、血小板凝集能の亢進や血栓溶解能が低下することがあるので、血栓形成を併発する可能性が大きくなります。

糖尿病における血管障害には、代謝異常とともに血液レオロジーの異常が関係しています。例えば、赤血球凝集の亢進、赤血球変形能の低下、フィブリノゲン濃度の増加、血液粘度の増加などがあります。生体系で血流動態を観察することができる目の網膜を顕微鏡で観察すると、赤血球の強固な凝集（スラッジ）が形成され、血流が途絶えがちになっているのが見られます。スラッジは、

第三章で述べた赤血球の凝集（ルローの形成）とは異なり、ずり応力の負荷によっても凝集はばらばらにならないのが特徴です。

動脈硬化とレオロジー

心筋梗塞あるいは脳梗塞と関連する血栓形成には、動脈硬化の存在が関係している場合が多くあります。動脈硬化形成の機序は複雑ですが、血管内皮細胞の傷害や剥離が引き金となって進行すると考えられます。最初に血液中の単球が傷害された内皮細胞に粘着し、血管内部に侵入してマクロファージと呼ばれる細胞に変化します。さらに、血管壁を透過してきた悪玉コレステロールと呼ばれる低密度リポたんぱく質（ＬＤＬ）によって運ばれるコレステロール（ＬＤＬコレステロール）はマクロファージによって貪食され、平滑筋細胞の増殖や脂質の蓄積が起こり、動脈硬化が完成します。動脈硬化は血管壁の肥厚、石灰化、血管内腔の狭窄などを含む複合病変です。悪玉コレステロールというと体に悪いものと思われるかもしれませんが、ＬＤＬコレステロールは体にとって必要な成分であり、正常な値を大幅に超えないようにすることが大切です。

動脈硬化は、血流によって高いずり応力が作用する血管壁部位などで起こりやすいと考えられていた時代がありました。しかし現在では、血管の分岐部や湾曲部などの血管形状が特異的な場所で、しかも流れが比較的緩やかなずり応力が小さい部位、血流の乱れのある部位などで起こりやすいことが多くの研究から明らかになってきました。

動脈硬化部位の血管壁の硬さは、正常な血管に比べて硬いと予想するでしょう。確かに、動脈硬化発症部位の血管の壁の厚さは増加するので、その分だけ硬さも増加します。しかし、物質の硬さを正確に比較するためには、第一章で説明したように、試料の寸法（長さや厚さ）をそろえて測定し、ヤング率や動的弾性率などで表す必要があります。血管壁の弾性率の測定は多くの研究者によって行われてきましたが、測定結果は測定者によってばらつきがあり，はっきりとした結論は得られていないようです。血管壁の硬さの正確な測定はかなり難しいといえます。

動脈硬化発生部位では血管が肥厚して血液が通りにくくなるとともに、その部位のずり応力は極端に大きくなり、活性化した血小板の凝集（血栓形成）が起こる可能性があります。

脳血管障害

虚血性脳血管障害には、一過性脳虚血発作と脳梗塞があります。異常なく生活していたときに、突然片方の手足がしびれたり、力が入らなかったりするようになります。また、突然ろれつがまわらなくなったり、眼が見えにくくなったりした場合は、脳血管障害の可能性が疑われます。

一過性脳虚血発作では、発作は数分から数十分以内に症状が消えてしまうことが多いといわれています。脳の血管に血栓が詰まってもすぐに溶解し、症状が一時的であるためです。しかし、一過性の脳虚血発作は脳梗塞の前触れの可能性もあります。脳梗塞は、血栓が血管を閉塞してしまうので、閉塞した先へは血液が供給されなくなり、脳の正常な機能が損なわれてしまうことになります。この場合には一刻も早い処置を行い、血流の改善を図る必要があります。

一過性脳虚血性疾患および急性期脳梗塞では、フィブリノゲン濃度の増加、赤血球の凝集の促進、赤血球変形能の低下、ヘマトクリットの増加、白血球の微小血管透過性の低下と粘着性の亢進などが知られています。

脱水は脳血管障害の危険因子の一つです。睡眠中には徐々に脱水が起こるので、脳梗塞の予防のために就寝前に水を飲むのがよいといわれています。特に高齢者では脱水になりやすいとともに血栓ができやすくなるので、暑い最中の昼寝の際にも注意が必要でしょう。

狭心症と心筋梗塞

心臓の冠動脈内に動脈硬化部位が存在すると、心臓への酸素供給が低下することになります。運動など何らかの刺激によって心臓が酸素をさらに必要としたときに、十分に酸素を供給することができずに胸の痛みや圧迫感を自覚することがあります。これは狭心症発作の一つです。

血管のどこかでできた血栓が血流に乗って冠動脈に移動し、冠動脈の動脈硬化部位などで詰まってしまうと心筋梗塞を発症します。詰まった血栓が溶解されれば一過性の発作ですみますが、完全に詰まってしまうと血流が途絶えて心筋が壊死してしまいます。狭心症や心筋梗塞の危険因子は、脳梗塞発症の危険因子と共通するところが多くあります。

入浴や就寝中などの脱水と血液粘度

日常生活において、入浴、飲酒あるいは運動によって血管内の血液流動は大きく変動します。当然ながら、入浴ではお湯の温度と入浴時間，飲酒では飲酒量と飲酒後の経過時間で変動の程度は異なります。これらに共通して循環系に悪影響を及ぼす原因の一つは、発汗や利尿作用による脱水です。脱水が起こると、心臓から血液を送り出すポンプ作用が活発になり、心拍数が増加して心臓の負担が増すことになります。

脱水によってヘマトクリットが増加すると、血液粘度が上昇します。血液粘度の増加で血流が停滞すると、血液粘度がますます増加するという悪循環が起こる可能性があります。日常の生活や入浴では、どの程度ヘマトクリットが変動し、血液粘度が変化するのでしょうか。病院のスタッフ（医師、看護師など）四〇人のヘマトクリットを午前九時頃と午後三時頃で比較したところ、午後のヘマトクリット値は午前に比べて平均一・四％減少していました。その中で、最高四・五％減少した方がいましたが、一方三％増加した方もいました。病院スタッフの勤務パターンはまちまちで、手術中全く水分を補給しない方がいれば、ときどき水分を補給される方もいると推測されます。

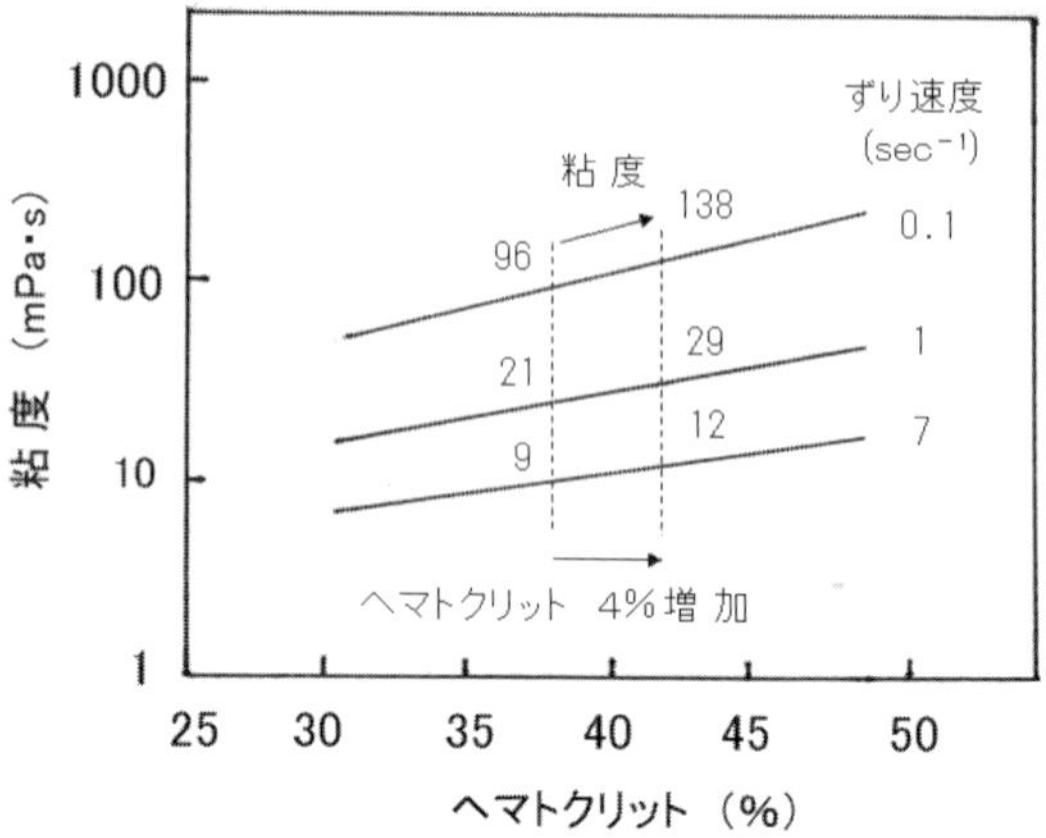

図 5.2　ヘマトクリットが 38 から 42 %に 4 %増加したときの各ずり速度での血液粘度の増加（縦軸は対数で表示）

入浴することによってヘマトクリットと血液粘度がどう変化するかを測定したデータを紹介します。温度が四二度のお湯に二〇分間入浴すると、ヘマトクリットの値は平均四五・九から四七・六％に増加、ずり速度が二二五／秒で血液粘度を測定したところ平均四・三から四・八ミリパスカル・秒増加したとのことです。この測定は、ずり速度がかなり高い条件で測定しています。血液は非ニュートン流体ですので、低いずり速度で測定すると粘度はさらに増加します。ヘマトクリットが四％増加したときに、血液粘度がどの程度増加するかをずり速度が低い条件で比較した結果を図５・２に示します。ずり速度が七から〇・一／秒に低下すると粘度は一〇倍以上増加しています。ずり速度が小さくなればなるほど血液粘度が著しく増加し、血流がますます停滞することになります。

第六章　血栓形成とレオロジー

指先を誤ってナイフなどで傷つけてしまったときに、血液が傷口からじわっとにじみ出たことは誰もが経験したことでしょう。皮膚の表面近くには静脈や毛細血管が走っているので皮膚を傷つけると出血しますが、出血がいつまでも続くと大変なことになります。ところが生体はよくしたもので、生体防御機構が働いて数分間傷口を押さえていれば出血は止まってしまいます。止血は生体の巧妙かつ複雑な止血機構によって起こります。

一方、血管内で血栓が形成されると話は違ってきます。何らかの原因で血栓が脳の血管に詰まると脳梗塞、心臓の細い血管（冠動脈）に詰まると心筋梗塞、静脈でできた血栓が肺の動脈を閉塞すると肺血栓塞栓症を引き起こします。迅速な治療が行われないと、生命の維持が危険な状態に陥ることになってしまいます。

血栓の種類

血栓には二種類あり、その形成のメカニズムは異なります。一つは図６・１ａに示すように、血小板が凝集してできる血栓で、白色血栓と呼ばれます。もう一つは図６・１ｂに示すように、フィブリンと呼ばれる線維状たんぱく質が三次元的な網目構造を形成することによって起こる血液凝固です。血液が凝固する過程でフィブリン網目中に赤血球や血小板が取り込まれ、凝固したゲル（クロット）全体が赤血球の色で赤く見えるので、赤色血栓と呼ばれます。

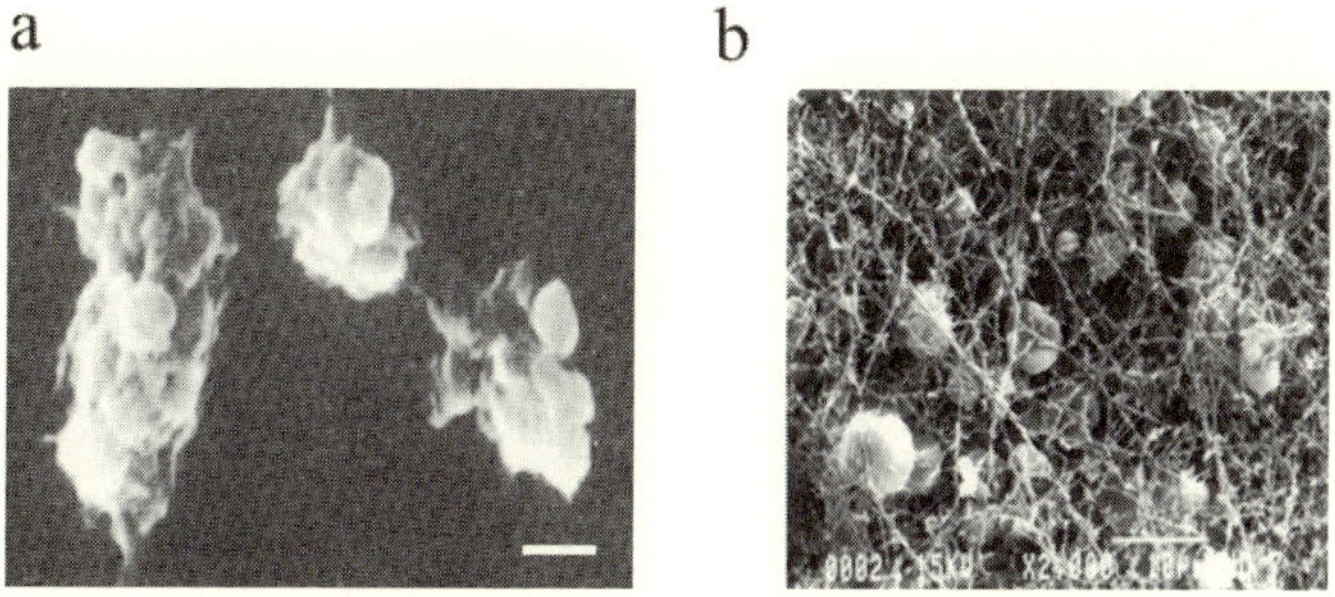

図 6.1　血栓の走査電子顕微鏡写真。a：血小板が凝集して起こる白色血栓（バーの長さは 2 μm を表す）、b：フィブリンゲルの網目構造。血液が凝固するときには、フィブリン網目中に血球細胞が取り込まれる

血管が傷つけられると、血液中の血小板がその部位に集まって粘着し、さらに活性化した血小板同士が凝集して血管損傷部位を塞ぐので出血が抑えられます。しかし、血小板が凝集することによって起こる白色血栓形成だけでは不十分なので、フィブリン網目構造の形成で起こる赤色血栓が応援部隊として加わり止血が完了します。

白色血栓の形成

血管壁の一番内側、すなわち血液と接する部分は、抗血栓性のある扁平な内皮細胞が敷石状に配列しています。内皮細胞の直下は基底膜と呼ばれ、コラーゲン、ラミニン、フォンヴィレブランド因子（vWF）など血小板を接着・凝集させる物質が存在します。コラーゲンとラミニンは、基底膜を構成するたんぱく質です。フォンヴィレブランド因子もたんぱく質で、主に血管内皮細胞で産生され、血液中に放出されるとともに血管内皮下組織に分泌されコラー

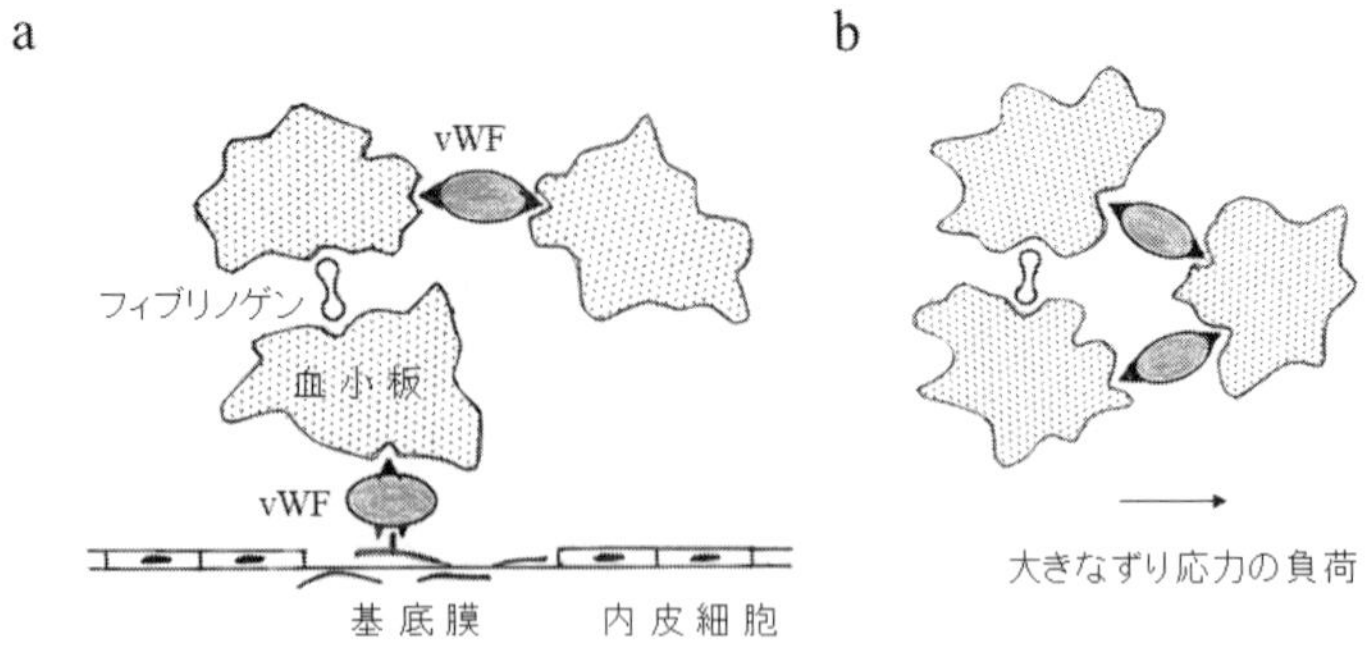

図 6.2　白色血栓の形成機構。a：血管の内皮細胞が損傷したり剥離した部位に血小板が粘着・凝集してできる血栓、b：高いずり応力下で血小板同士が凝集してできる血栓。図中の vWF はフォンヴィレブランド因子を示す

ゲンなどと結合します。血流の異常など何らかの原因で内皮細胞が剥離し基底膜が露出すると、剥離部位に存在するコラーゲンなどに結合したフォンヴィレブランド因子と血小板が結合し、さらに血小板の活性化、血小板同士の凝集が起こり血栓へと成長します（図６・２ａ）。

動脈硬化部位などの流れの速い場所では、図６・２ｂに示すように、血小板は血管壁に粘着することなく血栓を形成することが知られています。大動脈でのずり応力は一～二ニュートン／平方メートル程度であるのに対し、動脈硬化などによってできる狭窄部位を血液が流動するときのずり応力は一〇倍以上になることがあります。このような極端に高いずり応力が血小板に作用すると血小板は活性化し、血漿中のフォンヴィレブランド因子を介して血小板同士が凝集し、さらにフィブリノゲンも加わって白色血栓が形成されます。この反応は、動脈系血栓形成

の一つの機構と考えられます。

赤血球の溶血によっても血小板の凝集が起こります。溶血は赤血球からヘモグロビンが外部に出てくる現象ですが、溶血によってアデノシン二リン酸（ＡＤＰ）も赤血球から放出されます。ＡＤＰは血小板の凝集を引き起こすことができます。しかし、赤血球が溶血するためには、正常に比べて二〜三桁程度の非常に大きなずり応力が赤血球に瞬間的に加わる必要があるとの報告があり、正常な循環では溶血が起こることはないでしょう。第五章で述べた鎌形赤血球は、比較的小さなずり応力でも溶血するので、血栓形成が起こりやすいことが知られています。

赤色血栓の形成

静脈の血流の特徴は、動脈に比べて流れが遅いことです。静脈には静脈弁が存在し血液が逆流するのを防いでいますが、静脈弁ポケットと呼ばれる弁の内側は、血流が特に停滞しやすい場所です。心臓の心房が不規則に収縮する心房細動では、心房内で血液が淀んでしまいます。このような血流が停滞している場所でできる血栓は、フィブリンが主体の赤色血栓（血液凝固）です。この反応機構は、第八章で述べる赤血球膜によって活性化する凝固反応とも関連するので、少し詳しく説明します。

図６・３にフィブリンの形成に至る反応経路を簡単に示します。図中のローマ数字で書かれてい

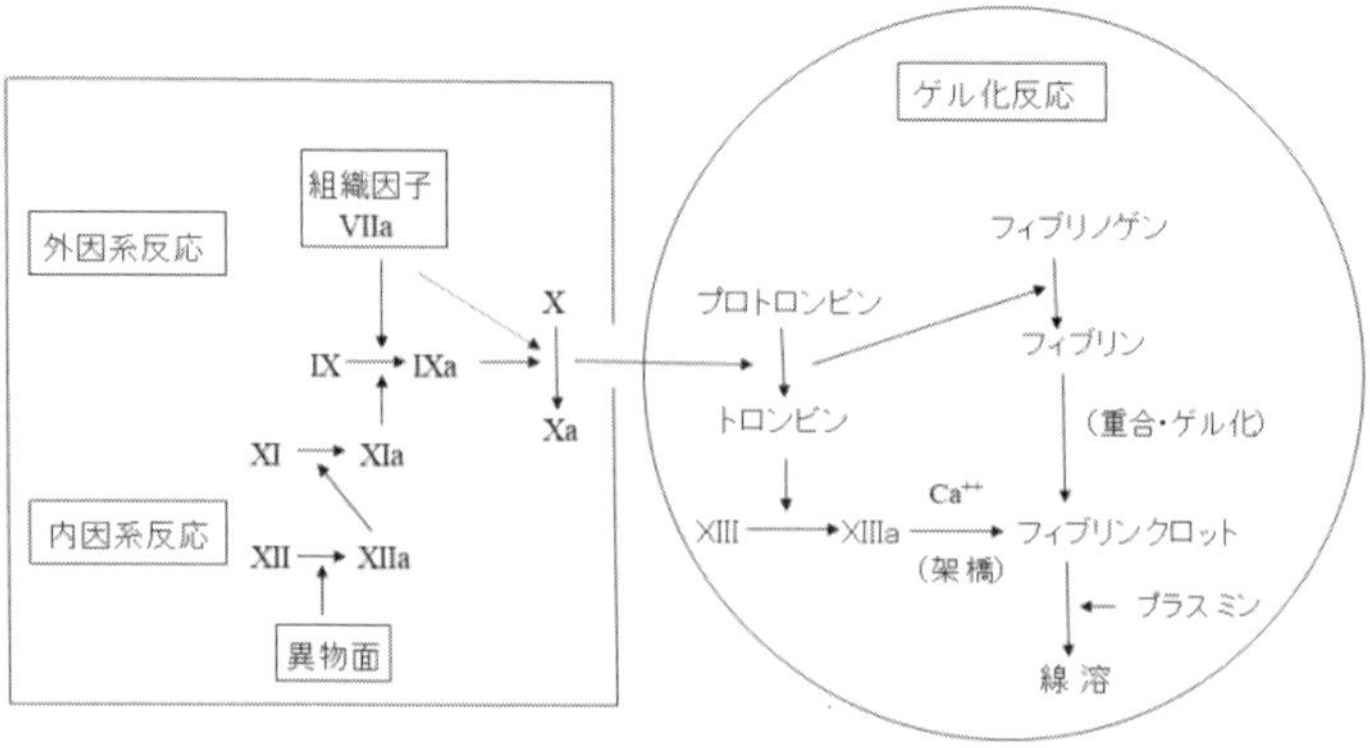

図 6.3　血液の凝固機構

るのは凝固因子です。以前には、第IX因子はクリスマス因子、第XII因子はハーゲマン因子のように、凝固因子の欠損が最初に見つかった疾患者の名前をつけて呼ばれていましたが、現在ではローマ数字で書くように統一されています。なお、第I因子はフィブリノゲン、第II因子はプロトロンビンで、これらはローマ数字ではなくフィブリノゲン、プロトロンビンという呼び名がそのまま使用されています。第VI因子は欠番です。

凝固反応の最初の引金となる経路には二つあります。一つは外因系反応経路です。血管壁が損傷すると、組織因子（組織に存在し、血液を凝固させる糖たんぱく質）と血漿中の凝固因子の一つである第VII因子が結合し、外因系凝固反応が活性化します。活性化した第VII因子と組織因子の複合体は、第IX因子を活性化します。この複合体は第X因子を活性化することもできます。

もう一つは内因系反応経路で、生体にとって異物である物質と血液が接触することによって第XII因子が活性化されると、なだれ的に次々と凝固因子が活性化します。ガラス表面と血液が接触すると内因系凝固反応が活性化することはよく知られていますが、生体内で活性化に関与する物質が何であるのかについてはよくわかっていません。

活性化した第X因子は、血液中の酵素前駆体であるプロトロンビンの一部を切断し、トロンビンと呼ばれる活性型の酵素に転換します。トロンビンはただちに長さがおよそ四五ナノメートルの棒状たんぱく質であるフィブリノゲンの一部を切断します。切断されたたんぱく質はフィブリンと呼ばれます。フィブリンは重合して細長い線維を形成し、さらに三次元的な網目構造を形成するので、血液は凝固（ゲル化）します。

図６・３では血液凝固の経路を簡単に示しましたが、実際には各因子の活性化を助ける物質が存在すると同時に凝固反応を阻止する物質も存在するので、凝固反応は複雑なバランスのもとに進行します。さらに血管内で局所的に赤色血栓ができたとしても、プラスミンと呼ばれる血栓を溶解する酵素によってフィブリン線維は分解されてしまうので、正常な状態では血管内で血栓ができて血管を閉塞してしまうことはほとんどありません。血栓の溶解については後で説明します。

血液凝固過程のレオロジー測定

血液が凝固する過程で、血液は液体状態から寒天が固まったようなぶよぶよしたゲル状態へと変

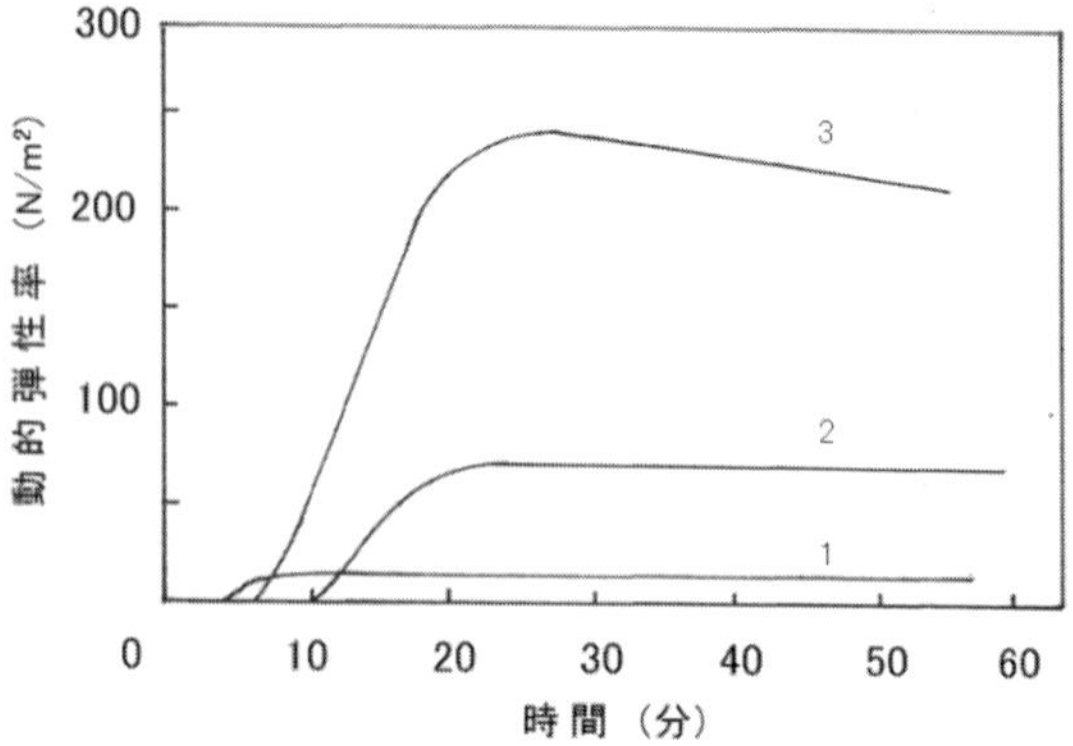

図 6.4　異なる血液試料の凝固（ゲル化）過程の動的弾性率の変化。フィブリノゲン溶液にはトロンビン溶液を、血漿には塩化カルシウムを加えて凝固を開始。それぞれの溶液を加えたときが時間ゼロ。1：フィブリノゲン溶液、2：無血小板血漿（PFP）、3：多血小板血漿（PRP）

化します。したがって、レオメータにより血液凝固に伴う動的粘弾性（粘性と弾性）の変化を測定することによって、フィブリン網目形成過程やフィブリンゲル（クロット）のレオロジー的性質に関する情報を得ることができます。

フィブリンのゲル化過程では、フィブリンの重合、それに続くフィブリン網目の形成が起こり、フィブリンの分子間に架橋（高分子間に橋を架けたような結合）が形成されます。フィブリン分子間の架橋結合には二種類あります。一つは水素結合やファン・デル・ワールス力からなる弱い結合であり、もう一つは共有結合からなる強い結合です。フィブリン分子間の共有結合は、図6・3に示す第XIII因子の働きによって形成されます。

フィブリンの重合とフィブリン網目の形成に伴い、図6・4に示すように動的弾性率は増加し、やがてゲル化が完了すると最大値に到達します。純粋なフィブリノゲン溶液からつくられるクロットでは、フィブリン分子間の結合は弱く、図6・4の1に示すようにクロットの動的弾性率は、二〇ニュートン／平方メートル程度で非常に小さい値です。損失弾性率（粘度に相当）は、動的弾性率のおよそ一〇分の一です。一方、全血および血漿が凝固してできるフィブリン分子間の結合は、共有結合です。無血小板血漿（ＰＦＰ）が凝固したときの動的弾性率は、図6・4の2に示すようにフィブリノゲン溶液からつくられるクロットの動的弾性率の五倍程度になります。さらに血小板を含む多血小板血漿（ＰＲＰ）の凝固過程では、図6・4の3に示すように動的弾性率は最大値に達した後徐々に減少しますが、動的弾性率の最大値はＰＦＰの三倍ほどになります。最大値に達した後の減少については、血小板の収縮作用の項で説明します。全血の動的弾性率の変化はＰＲＰと同じですが、その最大値はさらに大きくなります。

血管が損傷したときに、血液が凝固して血液の漏出を防ぐためには、弱い結合からなるクロットでは血流に耐えることができないので、強固なクロットが形成される必要があります。

血小板の収縮作用

血小板はフィブリン網目構造の架橋部分の中心となり、フィブリン線維を互いに結びつけるように働きます（図4・4参照）。血小板中に存在する収縮たんぱく質であるアクトミオシン（トロンボステニンともいう）が、カルシウムイオンとアデノシン三リン酸（ＡＴＰ）の存在下で、フィブリン線維を血小板内部にたぐり寄せるので、血餅収縮が起こります。

血液凝固過程の動的粘弾性をレオメータを用いて測定する場合、ガラス試験管内で見られるように血餅収縮が起こってクロットが測定容器の壁から剥離してしまうと（図4・3参照）、動的粘弾性を測定することができません。レオロジー測定では、一般にステンレス製の容器を用いて測定するので、凝固したPRPのクロットはステンレス容器の表面から剥離せず、図6・4の3に示すようにクロットの弾性率の最大値はPFPに比べて三倍程度になります。血餅収縮によってフィブリン線維に大きな張力が発生するためです。最大値に到達した後の減少は、血餅収縮が起こる過程で血餅収縮のエネルギー源である血小板内のATPが消費されてしまい、フィブリン線維の緊張が弛緩するためであると考えられます。

血餅収縮の生理的意義は何でしょうか。血餅収縮が起こることによってクロットは一層強固になるので、止血にとってはよいことであると考えられます。一方、血管内の損傷した部位で血液凝固が起こったときに、そのままでは形成された血栓のために血液が流れにくくなってしまいます。血管の修復後に血餅収縮が起これば、血液の流れが改善される可能性が考えられます。

血栓の溶解

血液の凝固が起こった後、引き続いて血栓の溶解が起こります。この現象は線維素溶解（線溶）

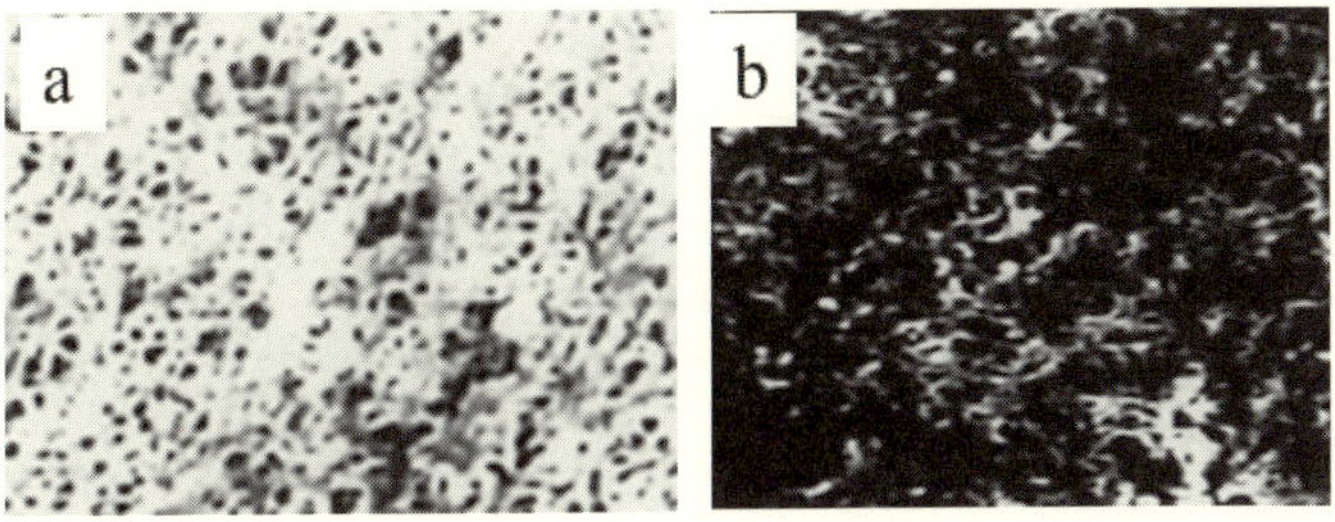

図 6.5　線溶によってフィブリンクロットが溶解したときの走査型電子顕微鏡写真。a：フィブリン網目、b：溶解したフィブリン

と呼ばれます。線溶は、血液中のプラスミノゲンが活性型酵素のプラスミンに変換し、フィブリン線維を切断するために起こります。線溶の進行とともにゲルの網目構造は壊されるので、最終的にゲルは溶けて液体状態になります。線溶過程でのフィブリンゲルの走査型電子顕微鏡写真を図6・5に示します。

プラスミノゲンをプラスミンに変換する酵素は、プラスミノゲンアクチベータで、ストレプトキナーゼ、ウロキナーゼ、ティッシュ（組織）プラスミノゲンアクチベータがあります。ウロキナーゼは尿中に存在する物質です。最近新聞などで、脳梗塞や心筋梗塞の画期的な治療薬としてt-PAという物質の名前がよく出てきますが、ティッシュプラスミノゲンアクチベータのことです。

t-PAは遺伝子組み換え技術を用いて大量に生産することができますが、生体内では血管内皮細胞によって産生されます。培養内皮細胞を用いた実験で、ずり応力を作用させたときの内皮細胞からのt-PAの産生は、ずり応力が作用していないときに比べて増大することが報告されています。さらに定常的なずり応力の作用よりも、拍動的なずり応力の作用のほうがt-PAの産生が増大します。血液の流動が、内皮細胞の機能発現を制御している可能性を示した最初の重要な実験結果です。

血栓溶解過程のレオロジー測定

血栓溶解療法では、血管内で血栓ができて十分に時間が経過してしまうと、クロットは硬くなり線溶酵素がゲルの中に浸透できなくなってしまうので、治療効果が期待できなくなってしまいます。したがって、治療は一刻を争うことになります。一方、溶解薬を多量に使いすぎると血液が凝固しなくなり出血傾向をもたらすので、血栓溶解を目的とする治療では、溶解薬の濃度をコントロールすることが非常に重要です。

血液凝固過程とともに線溶過程をレオメータで測定することができます。無血小板血漿（PFP）の凝固過程と線溶過程の動的粘弾性を測定した例を図6・6に示します。血栓溶解酵素が含まれない場合には、凝固とともに動的弾性率は増加し一定値に達します（図6・6の1）。ところが、あらかじめプラスミノゲンアクチベータの一つであるストレプトキナーゼを加えたPFPに塩化カルシウム溶液を加えて凝固させると、最初ゲル化が起こるので弾性率は増加します。その後クロットの溶解が起こり始めると動的弾性率は急激に減少し、最終的に液体状態になってしまうので、動的弾性率はゼロに近づきます（図6・6の2）。

減衰振動型レオメータを用いた測定によって、t-PAの最適投与濃度を決定することを試みた測定を紹介します。クエン酸ナトリウム水溶液を用いて採血した血液に、セファリン（凝固を早く起こさせる物質）とt-PAを加え、それに塩化カルシウム水溶液を加えて凝固過程と線溶過程を測定

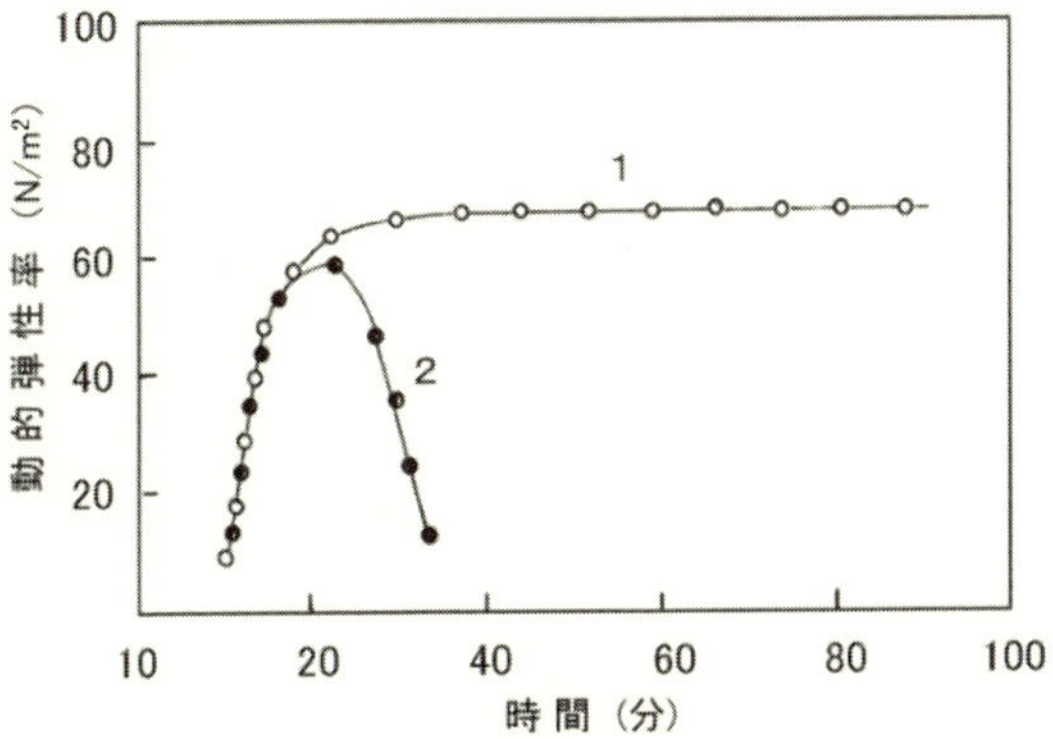

図 6.6　血漿（PFP）の凝固過程と線溶過程の動的弾性率の変化。1：線溶酵素であるストレプトキナーゼを加えてない場合、2：ストレプトキナーゼを加えた場合

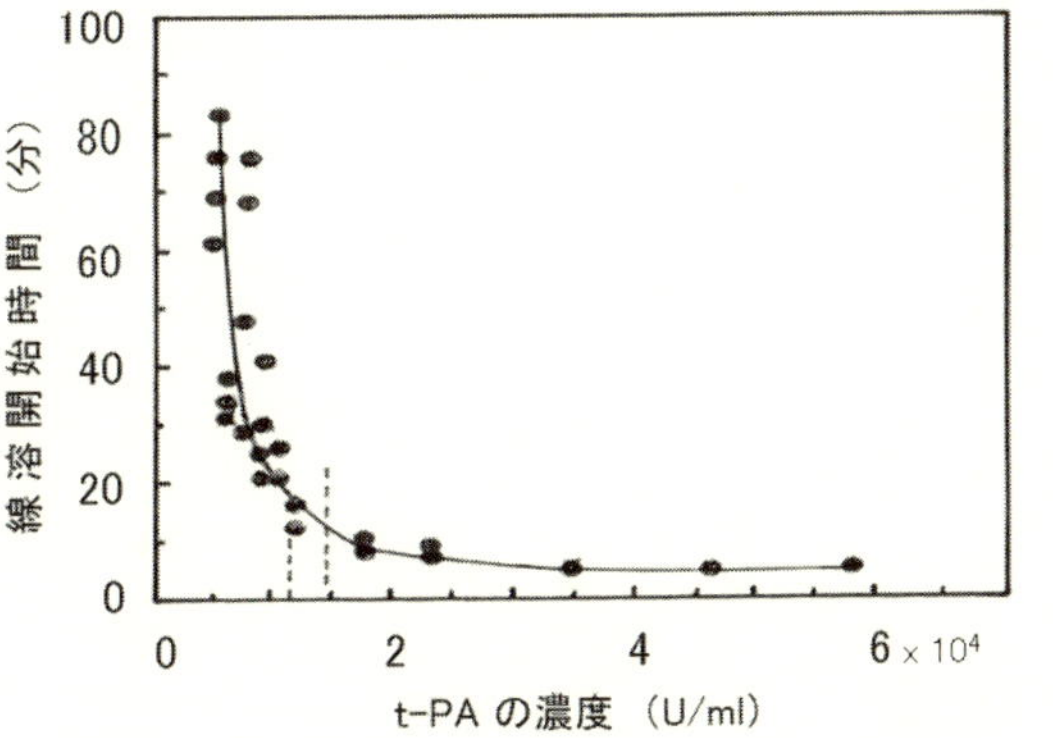

図 6.7　減衰振動型レオメータで測定した血栓溶解開始時間と t-PA 濃度の関係。横軸の U（ユニット）は、酵素濃度の単位（Kawakami S., ほか、Blood Coagul. Fibrinoly., **8**, 351, 1997 をもとに描きなおす）

しました。血液凝固はセファリンが存在するのですぐに起こりますが、線溶開始時間は図6・7に示すようにt-PAの濃度が増すと急激に短縮します。脳梗塞や心筋梗塞の治療の際に用いられているt-PAの濃度は、図中の点線で示した範囲にあります。レオロジー測定によって線溶酵素の最適投与濃度の範囲をある程度決めることが可能と思われます。

人工血管材料の抗血栓性のレオロジー測定による評価

高齢化社会、食生活の変化に伴い、循環器疾患を患う患者数が増加しています。冠状動脈の閉塞によって起こる心筋梗塞や末梢血管の閉塞、大動脈の狭窄や閉塞などの血管病変に対しては、人工血管あるいはステントを用いた治療、あるいは体内の別の場所からの血管を移植して血行再建を図る方法があります。

開発した人工血管の抗血栓性を評価する場合、体内に埋め込む前に材料の抗血栓性を生体外であらかじめ調べることができれば、人工血管材料の開発が効率的に行えます。第一章で説明した減衰振動型レオメータを用いて人工血管材料の抗血栓性を測定した例を紹介します。

内面にコラーゲンゲルをコーティングしたガラスチューブ（長さ三センチメートル、内径一センチメートル）、および抗血栓性がよいといわれているセグメント化ポリウレタンチューブ（長さ三センチメートル、直径〇・七センチメートル）の中にそれぞれ血液を入れ、凝固過程の対数減衰率を測定した結果を図6・8に示します。両チューブとも下端は閉じています。縦軸の対数減衰率は血液の凝固に伴う血液粘度の増加を意味し、対数減衰率が低下し始めたときが凝固開始時間（図中の矢印）です。コラーゲンの場合には、図6・8の1に示すように一〇分もしないうちに血液凝固が起こり始めています。一方、セグメント化ポリウレタンでは、図6・8の2のように四〇〜五〇分してからゆっくりと凝固が起こっています。

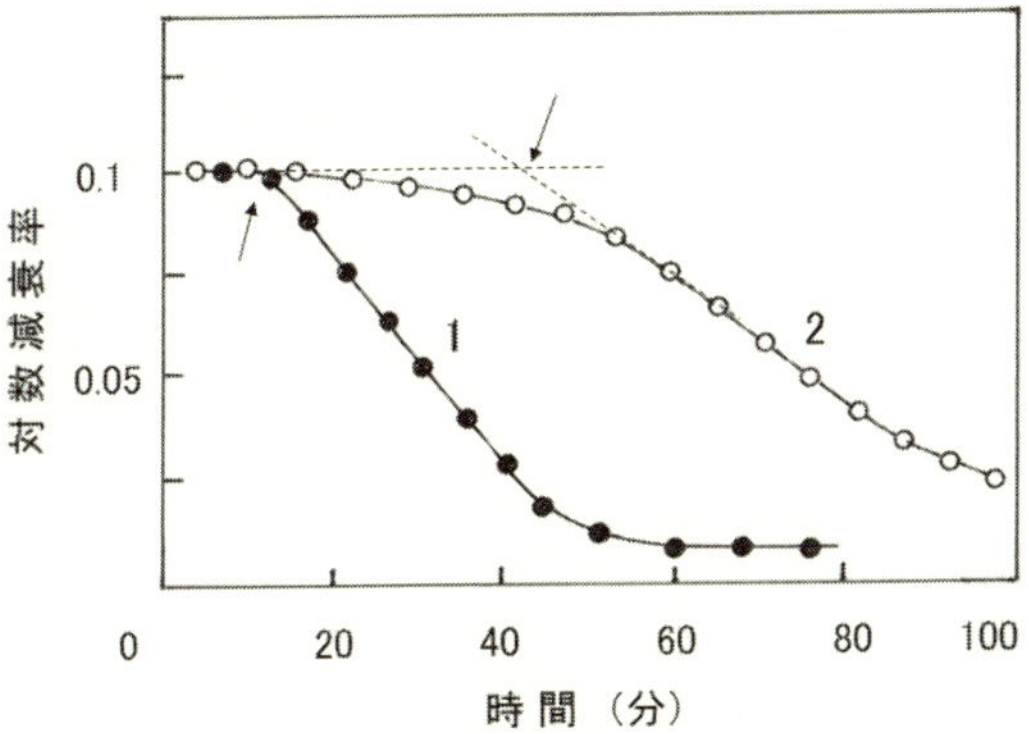

図 6.8　減衰振動型レオメータで測定した生体材料の抗血栓性の評価。1：コラーゲンをコーティングしたチューブ、2：セグメント化ポリウレタン。 矢印は凝固開始時間を示す

　実験に用いたコラーゲンとセグメント化ポリウレタン表面での血小板の活性化の程度を比較すると、コラーゲン表面では活性化した血小板の凝集と粘着が観察されました。一方、セグメント化ポリウレタンの表面では血小板は活性化せず、血小板の凝集や粘着は見られませんでした。コラーゲンと接触する血液の凝固が速く起こるのは、活性化した血小板によって凝固因子（第XI因子と考えられる）が活性化したためと思われます。

　セグメント化ポリウレタンのように、血小板の活性化が起こらず抗血栓性に優れていると考えら

れる材料であっても、最終的に血液凝固が起こってしまいました。その原因については第八章で説明しますが、材料表面とは無関係で、血流が停滞していると血液中の凝固因子が赤血球によって活性化してしまうためと考えられます。減衰振動型レオメータを用いた抗血栓性材料の簡易スクリーニングでは、血液の凝固が三〇〜四〇分起こらなければ、抗血栓性のよい材料であると考えられます。

第七章　エコノミークラス症候群

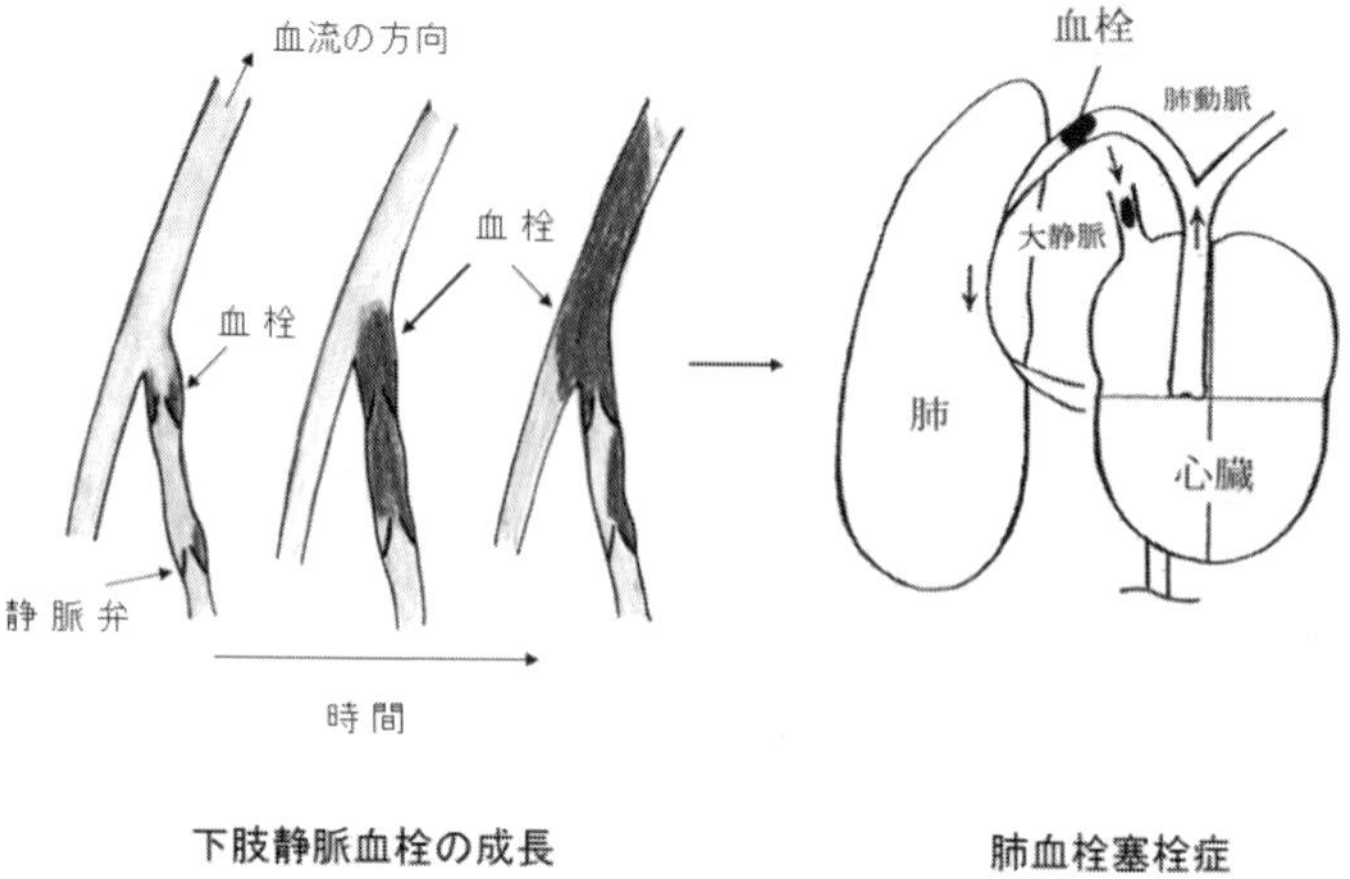

図 7.1 下肢深部静脈での血栓の成長と、剥離した血栓が心臓を経由して肺の動脈を詰まらせて起こる肺血栓塞栓症の様子（左側の図は、Mammen E. F., Chest, **102**, 640, 1992 をもとに描きなおす）

〝エコノミークラス症候群〟という言葉をテレビや新聞などで見たり聞いたりします。この疾患は、図7・1に示すように、主に下肢の深部静脈にできた血栓（赤色血栓）が、心臓を経由して肺の動脈を閉塞してしまう、いわゆる肺血栓塞栓症を発症することです。飛行機での長時間の移動によって血栓ができたという報告は一九六〇年代にすでにありました。一九七〇年代に発表された論文で、飛行機のエコノミークラスで多く発症することから、エコノミークラス症候群という言葉が使われるようになったようです。

ファーストクラスでも起こるエコノミークラス症候群

飛行機の中で、あまり水分を補給せずに、

長時間じっと座っていると発症する危険性が高くなります。一つには、下肢の静脈が圧迫されることで血液の流れが停滞し、さらに脱水によって血液粘度が上昇するので、血栓ができやすい状態になります。急に立ち上がったりすると血管の圧迫が解除されるので、下肢の深部静脈にできた血栓は、血流に乗って血管の中を移動します。

飛行機の中の気圧は〇・八気圧程度（地上では一気圧）であり、酸素濃度は海抜二〇〇〇～二五〇〇メートル程度に相当します。湿度は一〇～二〇%とかなり乾燥した状態にあるので、口や喉の渇きを感じることが多くなります。ファーストクラスやビジネスクラスの機内の環境条件はエコノミークラスと同じですので、ファーストクラスやビジネスクラスでも起こる可能性はあります。エコノミークラスでは、ファーストクラスやビジネスクラスに比べると足を伸ばしてゆったりと座ることができません（最近では改善されているようですが）。さらに、前の座席との間隔が狭く、窓側や中側の席に座るとトイレなどに立つのにかなりの勇気がいるのは、エコノミークラスを利用した方なら誰もが経験したことでしょう。長時間のフライトでは、トイレに行く回数をなるべく減らそうとし、水分を摂取することを極力控えてしまいます。

最近では旅行時に発症した場合には旅行者血栓症、フライトの場合に限ってはロングフライト症候群（血栓症）と呼ぶこともあるようです。

飛行機の中だけで起こるのではないエコノミークラス症候群

フライト以外で、長時間じっとしていたために肺血栓塞栓症を発症したという報告も数多くあります。古くは第二次世界大戦中に、戦闘機による爆撃から難を逃れるために、長時間防空壕で過ごしたことで発症したとのことです。二〇〇四年一〇月に起きた新潟県中越地震では、自宅が壊れてしまったために、車の中での生活を強いられた人たちが肺血栓塞栓症になったという報道がありました。二〇〇七年七月に起きた新潟県中越沖地震では、前回の地震の教訓を生かし、医師ら医療関係者によって肺血栓塞栓症発症を防ぐ対策がとられたので、肺血栓塞栓症で大事に至った方はいなかったとのことです。二〇一六年四月に発生した熊本地震では、静脈血栓症で入院が必要と診断された方は五〇名を超えたとのことです。

真偽のほどは別にして、キリストの死因は大量の失血によってではなく、十字架に長時間固定され、さらに水分が不足したために肺血栓塞栓症を発症したのが死因であるという新説を、イスラエルの教授が専門誌で披露したという記事が新聞に掲載されていました。車の運転を長時間していたタクシー運転士が肺血栓塞栓症になったことや、長時間のデスクワークなどでも起こる可能性があることが指摘されています。症状としては胸の痛みや動悸を感じたり、呼吸困難に陥ったりするほか、重篤な場合には死に至る場合もあります。

エコノミークラス症候群を発症した例

一九七七年発行のイギリスの医学雑誌(43)に、飛行機、列車、自動車によって旅行後に肺血栓塞栓症を発症した例が報告されています。それによると、発症した人の年齢は三〇～八四歳、移動時間は三～二四時間とかなり幅があります。列車でわずか三時間の移動で下車後二時間後に動悸と胸の痛みを感じた人、五時間の車の移動で二日後に胸の痛みと呼吸困難になった人、移動後一〇〇時間近くしてから発症した例もあったとのことです。下肢の静脈に血栓ができても、その血栓が成長し、さらに血管から剥離して肺に移動するまでの時間には、条件の違いや個人差があるためと推察されます。

フライトによってエコノミークラス症候群を発症した一九例について、一九九九年発行のヨーロッパの医学雑誌(52)に報告された内容を紹介します。エコノミークラス症候群を発症した人の年齢は三三～七五歳、男性一七人、女性二名です。身長は一六五～一九五センチメートル、体重は五八～九三キログラムの範囲です。クラス別では、エコノミークラスが一七人、ビジネスクラスが一人、ファーストクラスが一人です。座席の位置に関しては、窓側三人、中側七人、通路側九人で、座席の位置には関係ありませんでした。フライト時間は、五～二二時間とかなりの幅がありますが、平均すると一〇・七時間です。昼夜の別では、夜間が一三人発症したのに対し昼間は六人です。アルコール摂取の有無では、摂取した人が一五人、摂取しなかった人が四人で、アルコールの摂取量にもよりますが危険性が高くなる可能性があります。機内で動いたかどうかについては、動いた場合の発症は三人であるのに対し、動かなかった場合は一六人で圧倒的に多かったとのことです。飛行機を降りてから発症するまでの時間は平均四二・三時間であり、フライト中から降機後八五時間後までとかなり幅があります。

発症する人が増加したのは最近になってから？

我が国で、フライトによってどの程度の人にエコノミークラス症候群が発症したかについては、実態はよくわかっていませんでした。約一五年前のデータでは、成田国際空港で、一〇年弱の間に重篤なエコノミークラス症候群を発症した旅行者は約一〇〇人だったとのことです。発症率は、フライト以外での肺血栓塞栓症の一％程度であると報告されており、フライトでの肺血栓塞栓症の発症の割合はかなり低いといえます。

二〇〇〇年代になってから、新聞や雑誌などでエコノミークラス症候群に関する記事が非常に多く掲載されています。外国ではエコノミークラス症候群を発症した人が、航空会社を相手取り損害賠償訴訟の準備をしているという記事が新聞に掲載されていました。我が国で最近になって急に発症数が増加しているのは、中高年の海外旅行者の増加がその一因である可能性があります。そのほかに、診察する医師の静脈血栓症に対する認識が高まり、加えて超音波エコー、CT（X線を用いたコンピュータ断層撮影）やMRI（核磁気共鳴イメージング）など、診断技術の向上もその原因であると考えられます。

血栓や血液凝固に関係する学会では、以前は動脈で起こる血小板が関係する血栓に関する演題の発表が多かったのですが、最近では静脈血栓や肺血栓塞栓症に関する研究発表も増えたようです。

長時間のフライトによってなぜ血栓ができやすくなるのか

下肢静脈血管の特徴について考えてみます。静脈の血管は内腔が広く、弾性線維（エラスチン）と血管を収縮する機能をもつ平滑筋が少ないので、血管の壁は薄く圧迫されやすいのです。また、静脈は拡張性や伸展性に富んでおり、多量の血液を貯蔵できます。このことは、血液の流れが停滞しやすいことを意味しています。

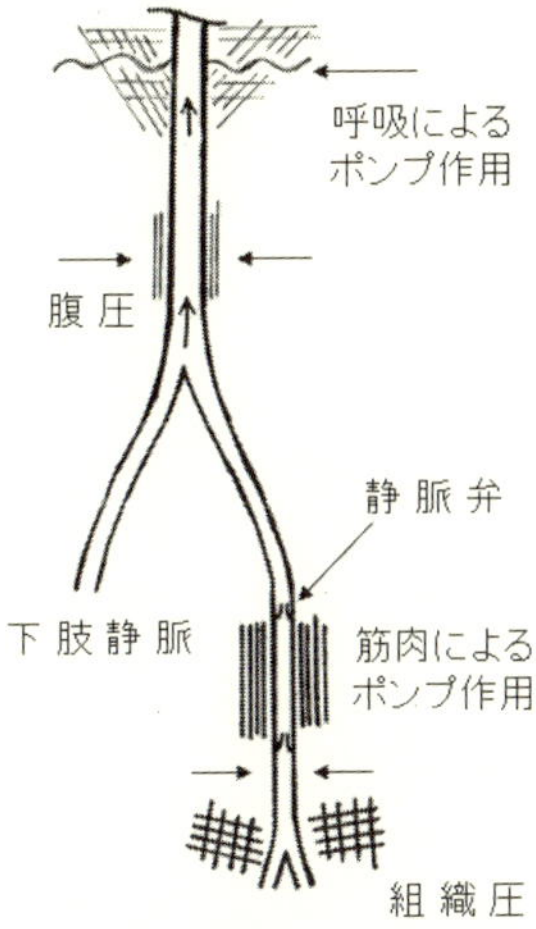

図7.2　静脈系で血液が体の上方へ流動するためのポンプ作用

動脈は心臓の収縮と拡張によるポンプ作用によって全身に血液を送り出しています

が、静脈には心臓のようなポンプはありません。下肢の静脈血が重力に逆らって心臓まで移動できるのは、図7・2に示すように骨格筋の収縮（筋肉ポンプ作用）に加えて、静脈の周囲の組織圧によって血液を押し出しているからです。さらに、呼吸運動も吸い上げポンプとして働き、静脈血の還流が維持されます。

飛行機の座席に長時間じっとして座っていると、腰と膝が折り曲げられた状態になり、ふくらはぎが圧迫され、筋肉によるポンプ作用が弱くなるので、血流が下肢静脈に停滞することになります。静脈弁の内側（静脈弁ポケット）は血流が極端に停滞する場所であり、血栓ができやすくなります（第十章参照）。

エコノミークラス症候群の発症を防ぐにはどうすればよいのか

エコノミークラス症候群の原因である下肢静脈血栓形成を防ぐにはどうすればよいのでしょうか。答えは簡単で、要は静脈血栓発症の危険因子を取り除けばよいのです。その一つは、すでに述べた下肢静脈の血流を停滞させないことです。血流の停滞を防ぐには、下肢静脈の筋肉ポンプを働かせることです。チャンスを見つけて機内を歩くことが効果的ですが、フライト中にむやみに席を立つことは予期せぬときに乱気流で飛行機が激しく揺れることがあり、危険を伴う可能性がありま す。着席したままでも太ももやふくらはぎをマッサージしたり、足首を中心に足全体をゆっくりまわしたり、つま先に力を入れて折り曲げたりするだけでも効果はあります。もう一つ重要なことは脱水を起こさないようにすることであり、水分の補給をするのが効果的です。アルコールには脱水作用があるので、機内では飲み過ぎないようにすることです。

長時間じっと座っていることや脱水のほかに、静脈血栓発症の危険因子が存在することを認識しておくことも重要です。例えば、経口避妊薬（ピル）の服用、高齢、家族に血栓症を発症した人がいる、心臓病や悪性腫瘍を患っている、外科手術後あまり日数が経過していない、肥満傾向、妊娠をしている、糖尿病疾患をもっているなどです。これらの場合、凝固関連因子の濃度の増加、凝固阻止因子の濃度の低下、あるいは局所的に血流が停滞している部位の存在などによって、血栓が起こりやすい状態になる可能性があります。

長期臥床や昼寝、手術後でも注意が必要

夜、寝る前にコップ一杯の水を飲むとよいとよくいわれていますが、寝ている間に脱水が起こって血液粘度が上昇するのを防止するのに効果があります。第五章でも述べましたが、わずかにヘマトクリットが増加するだけでも血液粘度はかなり増加し、血液の流れはますます悪くなります。

最近は温暖化によって、真夏には気温が三五度を超える日が続くことが珍しくなくなりました。このような暑い最中に昼寝をしていて脱水を起こすと、血栓を発症する危険性が増大します。高齢

者は若い人に比べて血液凝固が起こりやすくなります。高齢になると、のどの渇きが感じにくくなるとともに水分補給を怠りがちになるので、特に注意が必要でしょう。

　カテーテル検査や手術などによって血管壁が傷つけられると、白色血栓ができたり、外因系凝固反応によって赤色血栓ができやすくなります。整形外科での膝や股関節の手術では、下肢部の血流を一時停滞させて手術を行う場合があり、静脈血栓が形成されやすくなります。手術後しばらく安静にしていた後、はじめて歩き始めたときに肺血栓塞栓症を発症する例のあることが報告されています。歩き始めたときに、下肢深部にできていた血栓が、血管壁から突然剥離して肺動脈を閉塞するためです。

　長期間の臥床を余技なくされる場合には、危険因子を少しでも取り除くことが必要です。以前は手術後には安静にするというのが常識だったようですが、最近では肺血栓塞栓症を防ぐためにも早期離床が実施されているようです。さらに、エコノミークラス症候群の防止同様、安静時に足をマッサージしたり、弾性ストッキングを着用することも効果があり、臨床分野で広く実施されています。

第八章　静脈血栓と赤血球

二〇一〇年頃のデータ(60)〜(62)によると、アメリカにおける深部静脈血栓症の年間の発症件数は三〇〜六〇万人、肺血栓塞栓症は約一五万人とのことです。一方、日本での発症件数は、深部静脈血栓症は年間約一万五〇〇〇人、肺血栓塞栓症は約八〇〇〇人と推計されています。我が国での発症件数は欧米に比べてかなり低いですが、高齢化や食生活習慣の欧米化などに伴い発症件数は増加しています。したがって、静脈血栓の発症機構を解明することは重要な課題です。

危険因子だけで静脈血栓は起こるのだろうか？

ウィルヒョウ（R. Virchow）は、血栓形成の原因として、血流の停滞、血管壁の損傷および血液凝固の亢進があるとの説を一八五六年に提唱しました。これは、ウィルヒョウの三要素と呼ばれ、現在でもおおむね認められている説です。この三要素は、静脈血栓（血液凝固）発症のリスクとも密接に関係しています。

正常な状態（リスクが低い）では、図８・１に示すように血液凝固が起こりにくい抗凝固性（抗血栓性）の状態と、凝固が起こりやすい凝固性（易血栓性）状態のバランスは抗凝固性に傾いていますが、凝固亢進状態（リスクが高い）ではそのバランスが易凝固性状態に傾いています。すなわち、凝固亢進状態とは、凝固の引き起こしやすさの閾値（レベル）が低下していることを意味します。具体的には、凝固が亢進した血液では、血液中のフィブリノゲンなどの凝固を促進する因子の

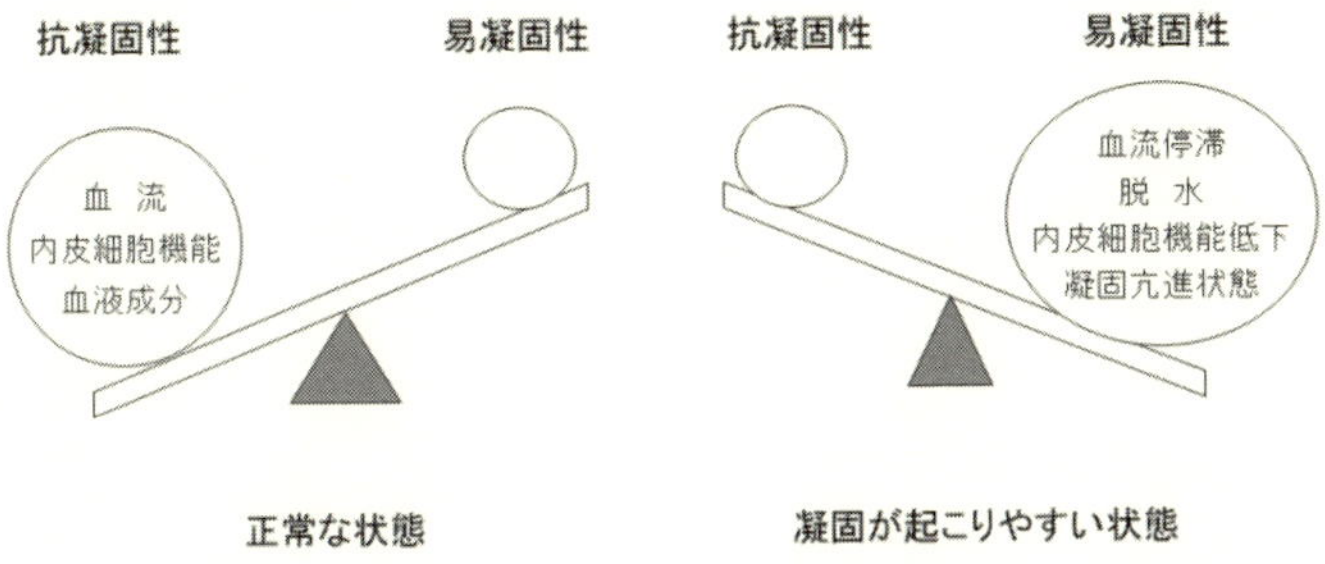

図 8.1　血液凝固が起こりにくい正常な状態（抗凝固性）と凝固が起こりやすい状態（易凝固性）のバランス

濃度の増加、凝固阻止因子の濃度の低下、血流の停滞などがあります。しかし、閾値が低いだけでは凝固は起こらず、血液凝固を引き起こすトリガー機構が存在するときに、はじめて凝固が起こると考えられます。

静脈血栓形成のトリガー機構の一つは、第六章で説明しましたが、血管壁の損傷です。一方、血管壁の損傷が起こらなくても血流が停滞しただけで血液凝固が起こったという臨床報告があります。もしそうであれば、そのトリガー機構が何であるかを実験的に証明する必要がありますが、今までよくわかっていませんでした。筆者らは、静脈血栓形成のトリガー機構の一つとして、赤血球が関与する機構が存在する可能性のある多くのデータを示してきました。今までは、正常な赤血球は凝固に関与していないと考えられていました。本章では、筆者らが行ってきた研究を中心に紹介します。

測定装置の開発が研究のスタート

研究の発端は、一九八〇年頃に、血液凝固過程を感度よく測定できる減衰振動型レオメータを開発したことです。振り返ってみると、この装置がなければ発見はできなかったと思います。この装置の原理は第一章で説明しましたが、装置を作製するきっかけとなったのは、当時筆者が在籍していた理化学研究所（一般に理研と呼ばれる）の研究室の先輩が、人工血管材料の開発に携わっていたことに関連します。当時の人工血管の開発過程では、新しい人工血管材料が開発されると、先ずはイヌなどの血管の一部をその人工血管で置換し、一定期間経過した後に、置換した人工血管の中が血栓で閉塞されていないかどうかを確認して人工血管の抗血栓性を評価していました。筆者はかたわらで人工血管の開発の過程を眺めていて、動物実験に頼らずに調べる方法はないものであろうかと考えました。作製した人工血管の抗血栓性の良否を、あらかじめ生体外でスクリーニングした後に動物実験を行えば、動物の犠牲を最小限にとどめることができ、さらに研究の能率が向上するはずです。

そこで所属していた研究室の同僚研究者や理研技術部のスタッフに支援してもらい、数年を費やして人工血管の抗血栓性を評価できる減衰振動型レオメータを試作しました。その装置を用いて基礎実験を行い、第六章で述べた抗血栓性材料の評価のほかに、血液凝固機構の解析、血沈の自動測定、血栓溶解薬の最適投与量の推定など、多目的に利用できる装置として完成させることができました。

ハイブリッド血管モデル

筆者は、血液凝固過程でのフィブリン網目構造の形成機構やフィブリンゲルの性質に関する研究を長い間行ってきました。その研究が一段落したところで、基礎研究だけではなく医学分野にも役立つことを念頭に、もう少し生体系に近い状態で血液凝固についての研究を行いたいと考え始めました。現在では普通に行われていることですが、当時は理工系に席を置く者が、動物を用いて実験を行うのは簡単なことではありませんでした。そこで試みたのが、生体系に比較的近いモデルを用いた実験系を組み立て、研究を進めることでした。

一九七〇年代の終わり頃から、培養した血管内皮細胞に関する研究論文が国内外で発表され始めました。そこで、培養血管内皮細胞を用いて、内皮細胞と血液の相互作用に基づく血栓形成や血液凝固に関する研究を行うことを思い立ちました。最初に、理研内で細胞培養を行っているグループに培養法について基礎から教えてもらいました。さらに、回転培養装置を試作し、ガラスチューブ内面に線維芽細胞（結合組織を構成する細胞）を培養する技術を確立しました。

次の段階としては、内皮細胞をチューブ内面に培養して血管モデルを作製することでした。知人の紹介で、ウシ大動脈由来の内皮細胞の培養法を東京医科歯科大学の先生に習い、最終的には、図8・2に示すように、底が閉じたガラスチューブ（長さ三センチメートル、内径〇・九センチメートル）内面にコラーゲンをコーティングし、さらにその表面に内皮細胞を一面に培養したハイブリッド血管モデルをつくることができました。計画を思い立ってから約三年後に、ハイブリッド血管モデルと減衰振動型レオメータを組み合わせた測定系が完成しました。

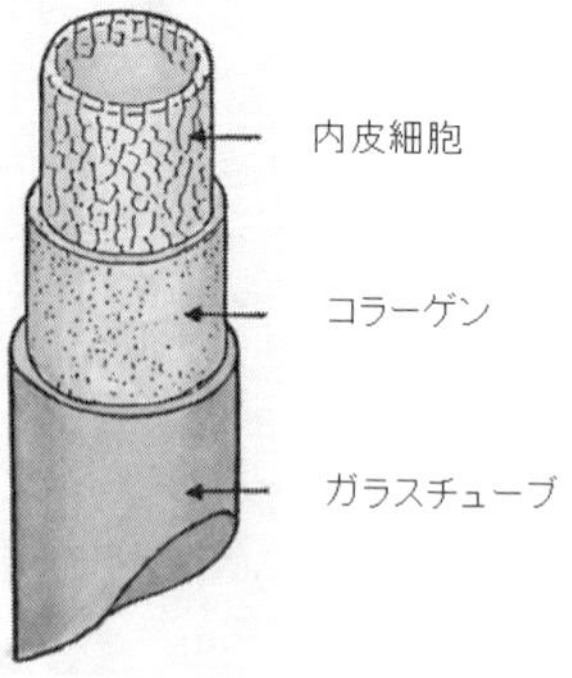

図 8.2 ハイブリッド血管モデル

血管モデル内での血液凝固の研究

血液凝固には、血流、血液成分、血管壁と血液の相互反応が大きな影響を及ぼします。減衰振動型レオメータのずり速度は一／秒以下で、血流がほとんどない状態をシミュレートした測定系です。ハイブリッド血管モデルと組み合わせた装置は、ウィルヒョウの三要素を考慮した血液凝固（静脈血栓）形成機構を解析するのに適していると考えられます。

この装置を用いて行った実験について説明します。理研の看護師さんにお願いし、筆者らの肘静

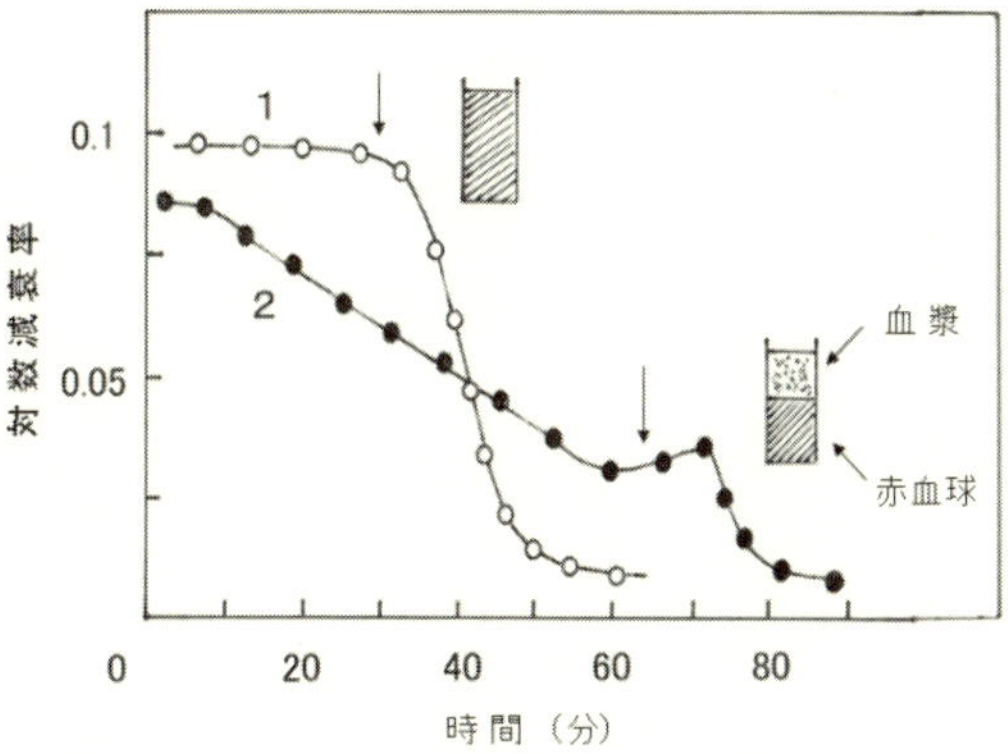

図 8.3　ハイブリッド血管モデル中の血液が凝固する過程を減衰振動型レオメータで測定したときの対数減衰率（粘度）の変化。1：血沈が起こらない場合、2：血沈が起った場合。対数減衰率の低下は凝固に伴う血液粘度の増加を意味し、矢印は凝固開始時間を示す

脈から採血した血液を用いて血液凝固過程の測定を行いました。内皮細胞は抗血栓性（抗凝固性）を発現することが知られており、内皮細胞と接触する血液は長時間経っても凝固しないであろうと考えていました。ところが、実際に測定してみると、三〇分もすると血液凝固が起こってしまったのです（図8・3の1）。ガラスチューブに入れた血液の凝固は数分で起こってしまうのと比べると、凝固は起こりにくくなっているのは確かですが、予想に反して最終的に凝固が起こってしまったので、そのときは本当にがっかりしたのを思い出します。

もし最初の予想どおり血液の凝固が起こらなければ、生体内で血管に悪影響を与える活性酸素やその他の物質を培養内皮細胞に作用させて細胞に傷害を与え、そのときの内皮細胞と血液との相互反応に基づく凝固反応について研究する計画でした。ところが、予想していなかった結果が得られてしまったので、この系を用いて何をしたらよいのかしばらくの間アイデアが浮かびませんでした。

もうこの研究は止めてしまおうかとさえ考えました。

ところが、しばらくこの問題から遠ざかっていると、不思議なことに、せっかく計画した研究を何とか先に進めたいという気持ちが強くなってきました。測定系を苦心してつくったのだから、なぜ血液凝固が起こってしまったのかを調べてから研究を止めても遅くはないと思うようになりました。振り返ってみると、あきらめてしまえば新しい研究の進展はなかったわけで、あきらめずにとことん追求する姿勢が研究には必要であることを再認識しました。

新しい発見のヒントとなった測定データ

高等学校の女性の理科の先生が、サバティカル年を利用して科学の研究を経験したいということで理研に実験をしに来ていました。サバティカル年の制度は、欧米の大学では一般的なものです。例えば七年間大学に勤務すると、一定期間休暇をとることができる制度で、国内外の大学や研究機関などで自由に過ごすことができます。

その先生が自身の血液を用いて血液凝固の測定を行いました。ところが、図8・3の2に示すような今まで見たことのない対数減衰率の変化（凝固曲線）が得られたのです。今までは、図8・3の1のように、凝固が起こり始めると対数減衰率は急に低下し始めるという測定結果が得られていました。不思議に思い測定チューブ中の血液を注意深く観察すると、チューブの中で血沈が起こっているのが確認されました。第五章で述べましたが、減衰振動型レオメータは、血沈の過程も感度よく測定することができる装置です。凝固曲線とチューブ中の血液の状態を比較してみると、血沈の過程で沈んだ赤血球の部分は、普通の血液と同じように三〇分程度で凝固が起こっていました。ところが、赤血球を含まない上層部の血漿（ＰＲＰ）は、かなり遅れて六〇～七〇分経過（図８・３の２の矢印）しないと凝固が起こらなかったのです。

全血と血漿で凝固開始時間にかなりの差があるのはなぜであろうか？　この差を明らかにすることが研究を先へ進めるきっかけになるのではと考えました。最終的にわかったことは、赤血球が血液凝固を引き起こす原因になっている可能性のあることでした。これについては後で詳しく説明します。

研究をさらに進める前に、一つ確認しておかなければならないことがありました。ヒトの血液とウシの内皮細胞を用いた系では、免疫反応でヒトの白血球がウシの内皮細胞を攻撃する可能性が考えられます。もしそうであれば、白血球や血小板が活性化することによって凝固反応が活性化することも考えられ、ここでの測定は何の意味もないことになってしまいます。後でわかったことですが、あるヒトの内皮細胞と他人の血液を用いた場合には白血球は活性化し、図８・４ａに示すように白血球は形を変えながら内皮細胞を激しく攻撃することが確認されました。ところが不思議なことに、ウシの内皮細胞に対してはヒトの白血球は全く攻撃することはなく、正常な形をしていました（図８・４ｂ）。もちろん血小板の活性化も起こっていませんでした。余談ですが、その原因の一

a　　　　　　　　b

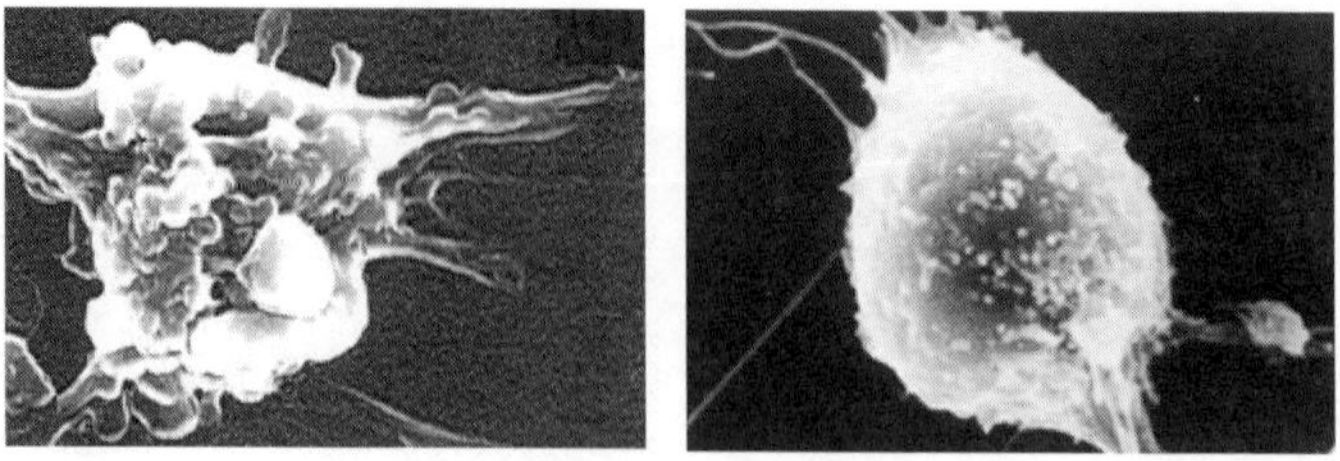

図 8.4　血管内皮細胞表面上のヒト白血球（顆粒球）の形態。a：ヒト由来内皮細胞上の白血球、b：ウシ由来内皮細胞上の白血球

つの可能性としては、経口免疫寛容が考えられます。ヒトの体は、自分自身の組織や臓器と自分以外のものを区別できる機能を備えています。ところが、自分以外（動物）の抗原（食物）が口、食道から腸管を通って体の中に入ったときに、免疫応答がなくなる可能性があります。例えば、人間はウシの肉を常食しており、経口免疫寛容機構が作用している可能性があると考えるのはどうでしょうか。これに対する回答はまだわかっていません。

赤血球には血液凝固を引き起こす能力がある

血液凝固反応に赤血球のみがかかわっていることを確認するのであれば、赤血球と他の血球成分を分離して、白血球と血小板は血液凝固にかかわっていないことを確認すればよいはずです。そこで血球成分を全く含まない無血小板血漿（ＰＦＰ）、ＰＦＰに赤血球のみを加えた試料、ＰＦＰに血小板と白血球を加えた試料を作製し、それぞれの凝固開始時間を測定しました。

ハイブリッド血管モデル中では、ＰＦＰはいつまで経過しても凝固は起こりませんが、血球細胞を含む場合の凝固開始時間は、ＰＦＰに赤血球のみを加えた試料（約二〇分）、ＰＦＰに白血球と血小板を加えた試料（五〇〜六〇分）の順番に遅延しました。予想どおり、主に赤血球が血液凝固に関与している可能性を示すデータです。

そこで、赤血球によってＰＦＰ中のある特定の凝固因子が活性化するとの仮説を立て、どの凝固因子が活性化されるのかを調べました。凝固因子が一つだけ欠損しているＰＦＰを購入し、それに赤血球を入れたときに、どの凝固因子が欠損していると凝固が起こらないかを測定しました。使用した血漿は、それぞれ第Ⅴ、Ⅶ、Ⅷ、Ⅸ、Ⅹ、Ⅺ、Ⅻ因子が欠損しているものです。例えば、第Ⅷあるいは Ⅸ因子が欠損している場合は血友病であり、血液凝固が正常に比べて起こりにくいことが知られています。実験の結果、第Ⅷ、Ⅸ とⅩ因子がそれぞれ欠損している場合には凝固は起こらず、第Ⅴ、Ⅶ、Ⅺ、Ⅻ因子が欠損している場合には凝固は普通に起こりました。第Ⅷ因子は第Ⅸ因子の活性化を、第Ⅴ因子は第Ⅹ因子の活性化を助ける補酵素であるので除外しました。次の段階は、第Ⅸ、Ⅹ因子のどちらの因子が赤血球によって活性化するかを決定することでした。

しかし、それを決定するのは大変なことでした。というのは、生化学の実験を経験した研究者なら簡単でしょうが、筆者らのグループは物理化学や物理学を専攻したものの集まりでした。この先さらに研究を進めるためには、どうしても生化学あるいは分子生物学を専攻した研究者の助けが必要でした。共同研究をしない限り、もはや研究はここまでかと当時は半ばあきらめかけたこともありました。

生化学的研究の始まり

チャンスはめぐってくるものです。筆者の所で大学四年生のときに卒業研究をし、大学院前期（修士）課程を外の大学院で行って生化学の技術を身につけた学生が、後期（博士）課程で戻ってきたのです。そこで最初に手掛けたのが、赤血球によってどの凝固因子が活性化するかを生化学的に確認することでした。純粋な凝固因子を生理的食塩水と同じような緩衝溶液に溶解し赤血球と接触させたときに、どの凝固因子が活性化するかをＳＤＳ電気泳動法で調べました。ソジウムドデシルサルフェイト（ＳＤＳ）という負電荷をもつ界面活性剤を用いて変性させたたんぱく質分子をゲル中で電気泳動すると、たんぱく質はプラス電極の方向に移動します。その移動距離は、たんぱく質の分子量によって異なることを利用して、たんぱく質を分離することができます。凝固因子が活性化すれば、分子が一部切断されて分子量が小さくなるので、電気泳動法を用いて活性化したかどうかがわかります。その結果、カルシウムイオンが存在する条件下で、赤血球によって第Ⅸ因子は活性化し、第Ｘ因子は活性化しないという結果が得られました。

酵素の同定

次のステップは、赤血球膜に第IX因子を活性化する酵素が存在するという仮説を立て、その酵素を赤血球膜から抽出し、アミノ酸配列を決定することです。研究グループの有志数名から血液を約一・五リットル集め、遠心分離して赤血球のみを分離し、界面活性剤を用いて赤血球膜を破壊しました。ばらばらになった赤血球膜から膜を構成するたんぱく質を、カラムクロマトグラフィーと呼ばれるたんぱく質を分離する方法をいくつか組み合わせた方法で分離し、それぞれのたんぱく質が第IX因子を活性化する能力があるかどうかを調べました。四苦八苦しましたが、約一年後に赤血球膜に存在する第IX因子活性化酵素を精製することができました。

理研の別の研究グループの協力を得て、たんぱく質を構成するアミノ酸を分析する装置と質量を分析する装置を用いて、精製した第IX因子活性化酵素の全アミノ酸配列を決定してデータベース検索を行いました。その結果、その酵素は白血球に存在するエラスターゼに類似していることが明らかとなりました。全く新しい酵素ではありませんが、第IX因子を活性化できるエラスターゼに類似したたんぱく質が、赤血球膜に存在することが明らかになったことは新しい発見でした。そのたんぱく質は二一九残基のアミノ酸からなり、分子量が二五・七キロダルトン（ダルトンは分子量の単位）で、白血球エラスターゼの分子量（二九・五キロダルトン）とは若干異なることもわかりました。

エラスターゼは本来白血球のほかにさまざまな組織に存在し、血管壁や組織に存在するエラスチンというたんぱく質を分解する酵素です。赤血球膜に存在するエラスターゼに類似する第IX因子活性化酵素は、もともと赤血球に存在する物質なのか、あるいは白血球から放出されたものが赤血球膜に付着したものなのかとの疑問があります。いろいろ実験を行い検討したところ、赤血球膜に存在するこの酵素は、赤血球が生まれながらにしてもっていたものであるという結論に達しました。そこで赤血球膜に存在する第IX因子活性化酵素をエリスロエラスターゼ-IX（エリスロは赤血球を意味する）と命名し、国際誌に投稿し認められました。

エリスロエラスターゼ-IXは、赤血球膜表面に10^6個の赤血球あたり三〜三・七ナノグラム、血液一〇〇ミリリットル中には一・五〜一・八ミリグラム存在すると推定されます。この酵素の第IX因子を活性化する能力は、血漿中に存在する活性型第XI因子が第IX因子を活性化する能力の約一〇分の一です。静脈血栓は血管の中で数時間から数日かけてゆっくりと成長することが多く、この程度の能力でも凝固を引き起こすのには十分であることが実験的に確認されました。

静脈血栓発症の危険因子

図8・5に示すように、赤血球膜に存在するエリスロエラスターゼ-IXが血漿中の第IX因子を活

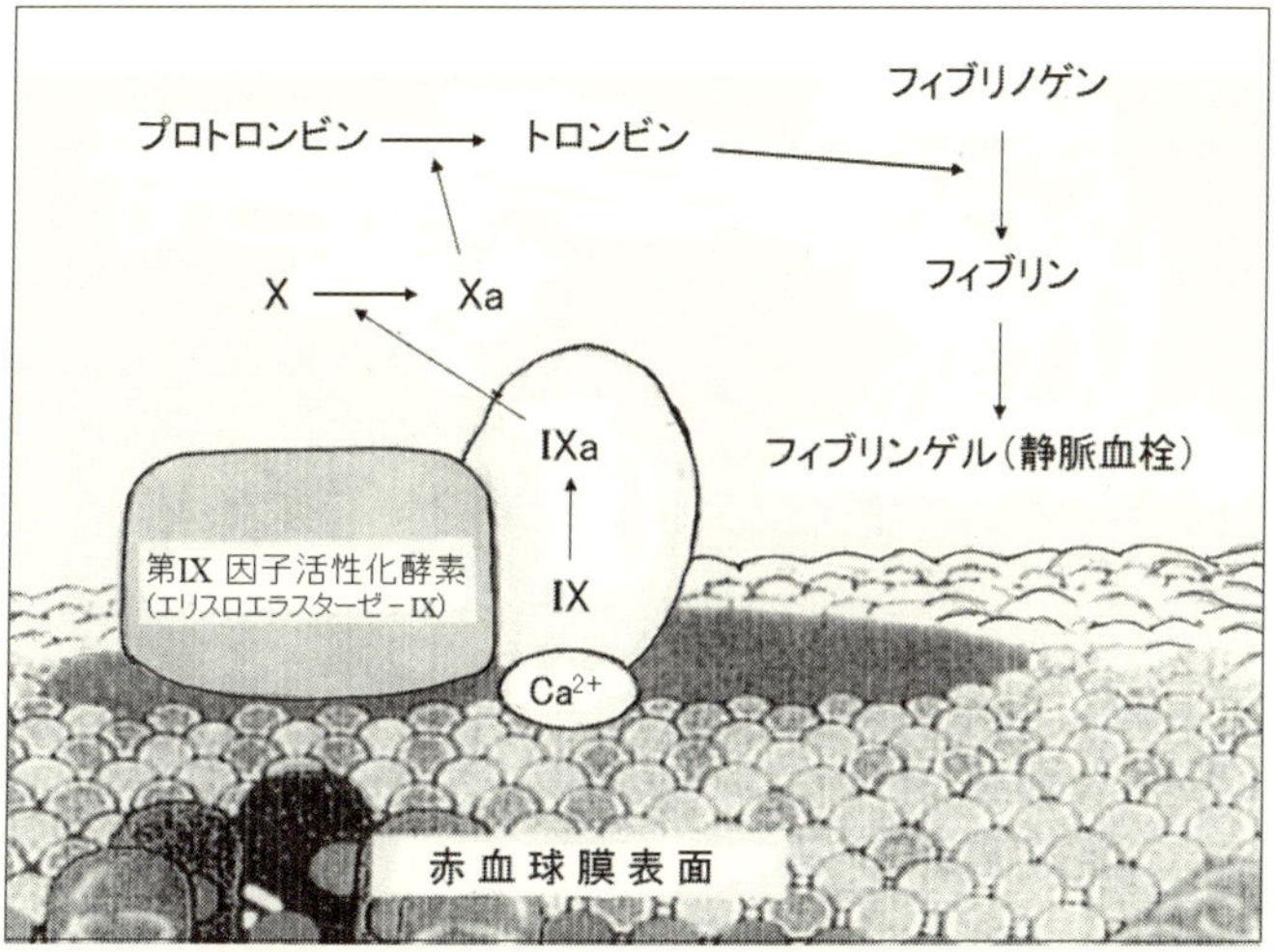

図 8.5　赤血球膜に存在する第 IX 因子活性化酵素（エリスロエラスターゼ-IX）が、第 IX 因子を活性化することによって惹起される血液凝固反応。 IXa と Xa は、それぞれ活性化した凝固因子を示す

性化し、さらに活性化した第Ｘ因子がプロトロンビンをトロンビンに転換し、最終的にトロンビンによってフィブリンゲルが形成され、血液凝固が起こる反応のあることがわかりました。その凝固反応が静脈血栓形成のトリガーであることを証明するためには、静脈血栓発症の危険因子と赤血球による第IX因子の活性化との関連を明らかにしなければなりません。

静脈血栓形成の危険因子の一つは血流停滞です。血液凝固開始時間および赤血球による第IX因子の活性化が、血流（ずり速度）によって影響されるかどうかを調べる必要があります。コーン・プレート型粘度計を用い、血液凝固開始時間に及ぼすずり速度の影響を測定したところ、ずり速度が一〇／秒以下の非常にゆっくりとした流れのときには凝固は三〇分程度で起こりましたが、それ以上のずり速度では凝固開始時間はずり速度の増加とともに著しく遅延しました。

さらに、赤血球による第IX因子の活性化と血流との関係を、生化学的に明らかにすることを試みました。緩衝溶液に溶解した第IX因子と赤血球を混ぜた試料を一定ずり速度の下で三〇分間置いた後、ＳＤＳ電気泳動法で第IX因子がどの程度活性化するかを測定しました。その結果、ずり速度が増加するにつれて、第IX因子の活性化は起こりにくくなることもわかりました。流れが停滞したときに、赤血球膜表面のエリスロエラスターゼ-IXと血漿中の第IX因子とは結合できますが、血液の流れが速くなると結合の確率が低下するために、第IX因子の活性化が起こりにくくなると考えられます。

脱水に直接関係するヘマトクリット（赤血球濃度）の増加も静脈血栓形成の危険因子の一つであるので、血液凝固開始時間のヘマトクリット依存性を調べることが重要です。この測定では、減衰振動型レオメータの試料容器として、ハイブリッド血管モデルではなくポリプロピレンチューブを用いました。減衰振動型レオメータで測定する際に、いちいちハイブリッド血管モデルを作製していたのでは実験の効率がよくありません。そこで、試しにハイブリッド血管モデルの代りに生化学の分析などに用いられるポリプロピレンチューブ（長さ三センチメートル、内径七ミリメートル）を用いたところ、測定結果はハイブリッド血管モデルのときと同じであったので、以後に記述する実験ではポリプロピレンチューブを用いました。測定の結果は、ヘマトクリットの増加とともに血液凝固は速く起こるようになっていました。もちろん、赤血球による第IX因子の活性化もヘマトクリットの増加とともに顕著に促進しました。ヘマトクリットの増加によって赤血球膜のエリスロエラスターゼ‐IXの濃度は増加するので、第IX因子の活性化が促進し血液凝固が速く起こると考えられます。

ずり速度が非常に低い領域では、わずかなヘマトクリットの増加によって血液粘度は著しく増加します。さらに、血液粘度が増加するとますます血流が停滞するという悪循環をもたらすので、ヘマトクリットのわずかな増加は、静脈血栓発症の危険因子であることが改めて確認できました。

静脈血栓を起こしやすい疾患

糖尿病疾患、疾患ではありませんが妊娠などで、血液凝固が亢進する場合のあることが知られています。お医者さんの協力を得て、糖尿病患者さん、妊婦さん、および正常者の血液凝固開始時間と赤血球による第IX因子の活性化を調べてみました。一例ですが、下肢深部静脈血栓症を発症した患者さんの血液についても測定することができました。血小板を含まない血漿（ＰＦＰ）の凝固は、どの場合も起こりませんでした。一方、糖尿病、妊婦、下肢深部静脈血栓症の全血の凝固開始時間の平均値は、正常に比べて短縮していました。妊婦と糖尿病疾患者の赤血球による第IX因子の活性化も、正常に比べて速く起こる傾向にあることが確認されました。

エラスターゼに特異的に反応する蛍光合成基質（Suc(OMe)-Ala-Ala-Pro-Val-MCA）を用いて、赤血球の凝固活性を調べることができます。Ala はアラニン、Pro はプロリン、Val はバリンと呼ばれるアミノ酸で、MCA は蛍光物質です。エラスターゼによって Val-MCA の部位が切断されると、MCA は構造変化を起こし蛍光を発します。赤血球膜のエリスロエラスターゼ-IX によっても蛍光合成基質は切断され蛍光を発するので、その蛍光強度から赤血球膜の凝固能を比較することができます（図8・6 a）。正常者と凝固亢進状態にあるヒト赤血球の蛍光強度を蛍光顕微鏡で観察したところ、凝固亢進状態の赤血球の蛍光強度は正常に比べて明らかに強く、赤血球の凝固活性が高いことがわかります（図8・6 b）。加齢も血液凝固を促進する因子で、高齢者の赤血球膜の蛍光強度は若い方に比べて高い傾向を示します。

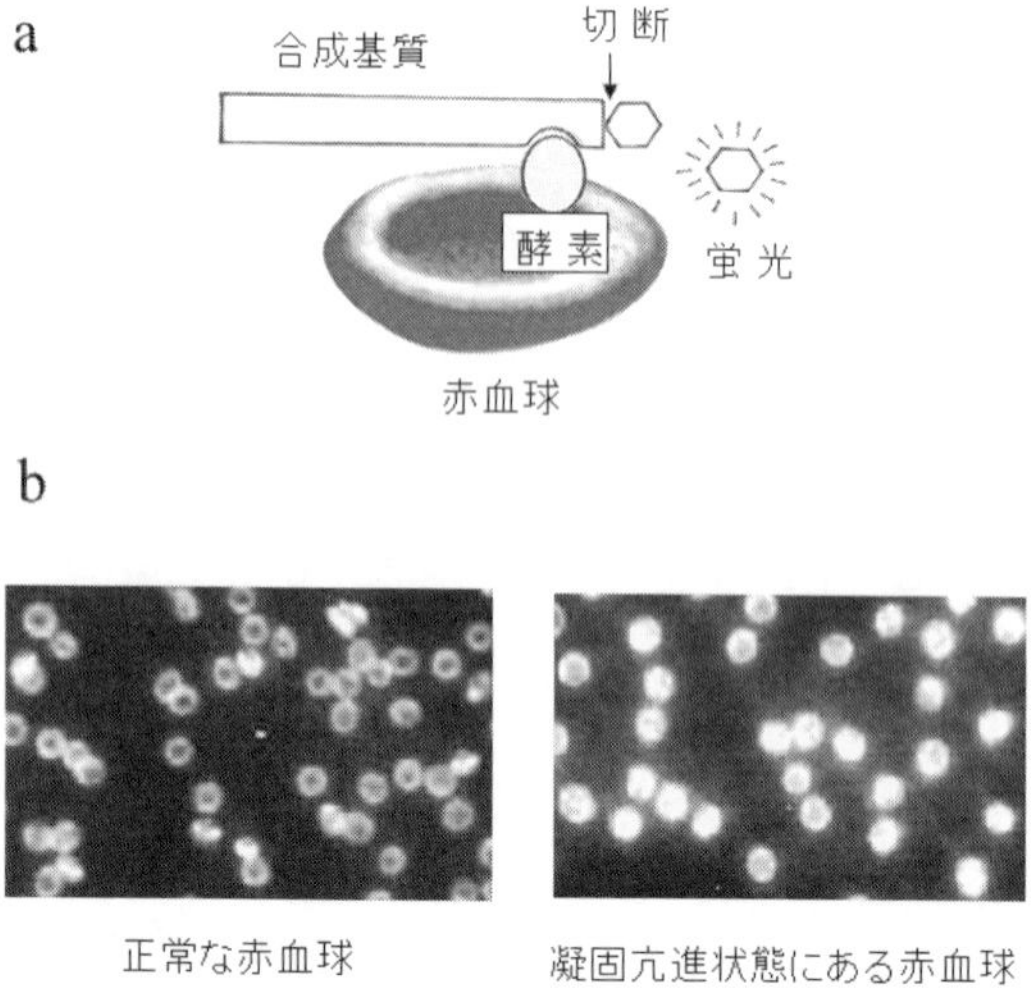

図 8.6 エラスターゼに特異的に反応して蛍光を発する合成基質（a）を用いて測定した赤血球の蛍光強度（b）

赤血球に凝固を引き起こす能力があることが、生態系でどのような意義があるのかについてはわかっていません。静脈血栓の発症というマイナス面ではなくプラスの面を考えると、血管が傷つき止血が必要になったときに、傷ついた部位にまず血小板が集まってきます。血小板の凝集だけでは十分な止血ができないので、血液中で最も多い赤血球の応援を得て、より強固な血栓が形成される可能性が考えられます。

本章では、赤血球膜に存在する酵素によって内因系凝固が惹起される反応のあることを説明しました。静脈血栓、肺血栓塞栓症などの血栓症発症に、ここで説明した反応がどの程度関与しているかを明らかにするためには、今後さらに臨床分野でデータを集積する必要があります。

動物の赤血球

東京大学農学部の先生の協力を得て各種動物の赤血球の凝固活性を調べたところ、興味ある結果が得られています。動物は、ヒトを含めてブタ、イヌ、ウシ、ヒツジです。ウマも調べましたが、神経質なのか結果の再現性が悪かったので除外します。エラスターゼに特異的な蛍光合成基質を用いて、各種動物の赤血球の蛍光強度を蛍光分光光度計で測定したところ、ブタとイヌの赤血球はヒトの血液と同じように凝固活性がありましたが、ウシとヒツジの赤血球は凝固活性を有していませんでした。偶蹄類に属するウシとヒツジは比較的おとなしい動物です。一方、ヒトも含めてブタ、イヌは時には激しく動くので、場合によっては怪我をする可能性もあり、血小板と赤血球による二つの止血機構の存在が効果的であるとの考えはどうでしょうか。

赤血球の第IX因子活性化酵素の遺伝子は、造血幹細胞（第十章参照）で発現していると考えられます。第三章で述べた動物種による赤血球の凝集やヘマトクリットの違いとも関連し、動物種の進化の過程と関係づけられる可能性があり興味深い課題です。

第九章　静脈血栓発症リスクの評価法

血液凝固を測定・解析する装置はいろいろありますが、静脈血栓の測定や評価をする装置がないことを麻酔科の先生から伺ったことがあります。減衰振動型レオメータは静脈血栓発症リスクの評価に利用できる可能性がありますが、臨床分野へ導入するためには、多数の血液試料を同時に測定できる簡便な装置が必要です。本章では、筆者が試作した装置と静脈血栓発症リスクの評価法を紹介します。

すべり台式とシーソー式装置

試作したすべり台式は、一ミリリットルの血液の入った直径二・五センチメートルの中空の球状カプセルを、わずかに傾斜したスロープ板上を回転落下させる方法です。スロープ板上に傾斜方向に沿って長さ一六〇ミリメートル、幅一二ミリメートルの凵字型の溝があり、その溝の上をカプセルは回転落下します。カプセルの材質は、減衰振動型レオメータで使用したチューブの材質と同じポリプロピレンです。カプセルは中央部で半球に分離できるので、血液を簡単に入れることができます。手動式ですが、一分ごとに血液の入ったカプセルをスロープの上方から下方へ回転落下させます。血液の凝固が始まるとカプセルの落下速度が遅くなり、凝固が完全に起こると回転落下しなくなるので、そのときの時間から凝固開始時間を決定できます。

すべり台式装置では、カプセルを一定時間ごとにいちいちスロープ板の上方部に移動させる必要

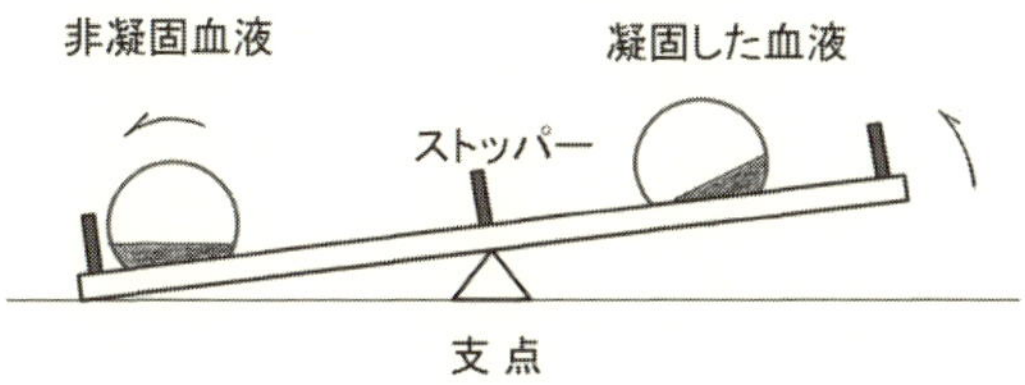

図 9.1　シーソー式装置の側面図。左側の凝固していない血液が入っているカプセルはストッパーまで到達しているが、右側の凝固した血液ではスロープの途中で停止

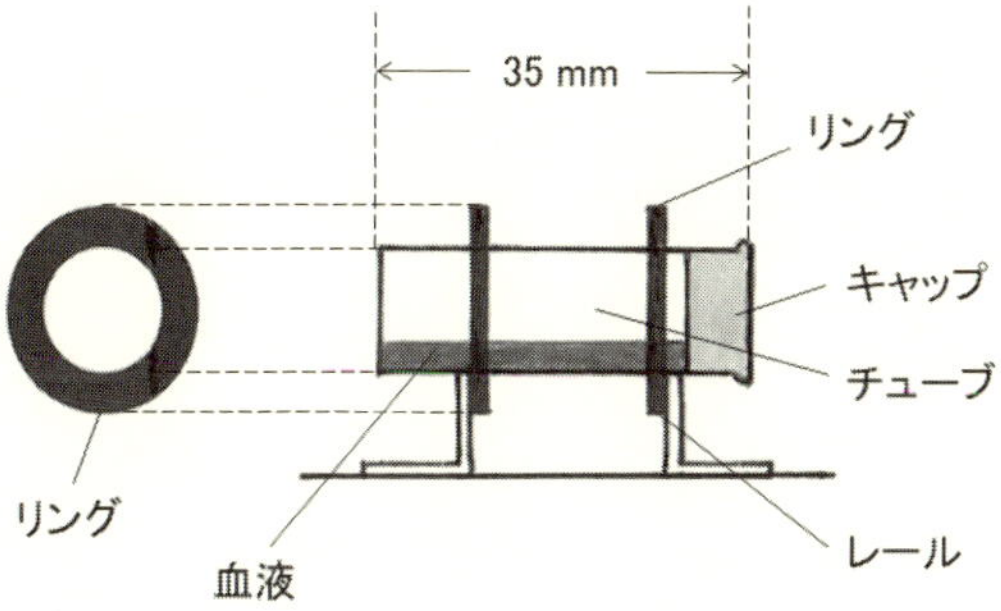

図 9.2　レール上に置かれたポリプロピレンチューブ

があります。この面倒を少しでも解消するために、シーソー式装置を試作しました（図９・１）。スロープ板の中央部を支点にして上下動（左右に傾斜）を繰り返します。装置はやはり手動式で、一定時間ごと（例えば三〇秒に一回）にスロープの勾配の向きを変える必要があります。測定容器にはすべり台式で用いた球状カプセルも使用できますが、汎用性を考え、図９・２に示すポリプロピ

レンチューブとガラスチューブも利用できるようにしました。スロープ板上に二本のアルミ製のL字型レールが平行に設置されています。チューブに二個のリングをはめ、チューブがレールから外れないようにしてあります。レール上には、チューブ（カプセル）の回転落下を受け止めるストッパーが設置されています。ストッパーの間にチューブを置き、スロープ板の勾配の向きを変えて傾斜させたときに、チューブがレール上を回転移動しなくなったときを凝固開始時間とします。この装置では、レールの数を増やせば、同時に測定できる血液試料の数を増やすことができます。

ポリプロピレンチューブ（カプセル）では、ヒトの全血の凝固時間は、個体差がかなりありますが（一五〜二五分）、一方無血小板血漿（ＰＦＰ）の凝固は起こりません。この原因については第八章で説明しましたが、後で再度説明します。ガラスチューブを用いると、全血でもＰＦＰでも六、七分で凝固が起こります。ガラス表面によって第XII因子が活性化し、内因系凝固反応が速く起こるためです。ガラスチューブを用いれば、内因系凝固反応が正常に起こるかどうか、すなわち血液の凝固能を測定することができます。血液凝固能の測定は、手術の前などに行われます。本測定法については、最近、大陽工業株式会社が自動化した装置を作製してくれました。

カプセル（チューブ）の回転挙動

カプセルあるいはチューブ中の血液の凝固が起こると、なぜカプセル（チューブでも同じ）がス

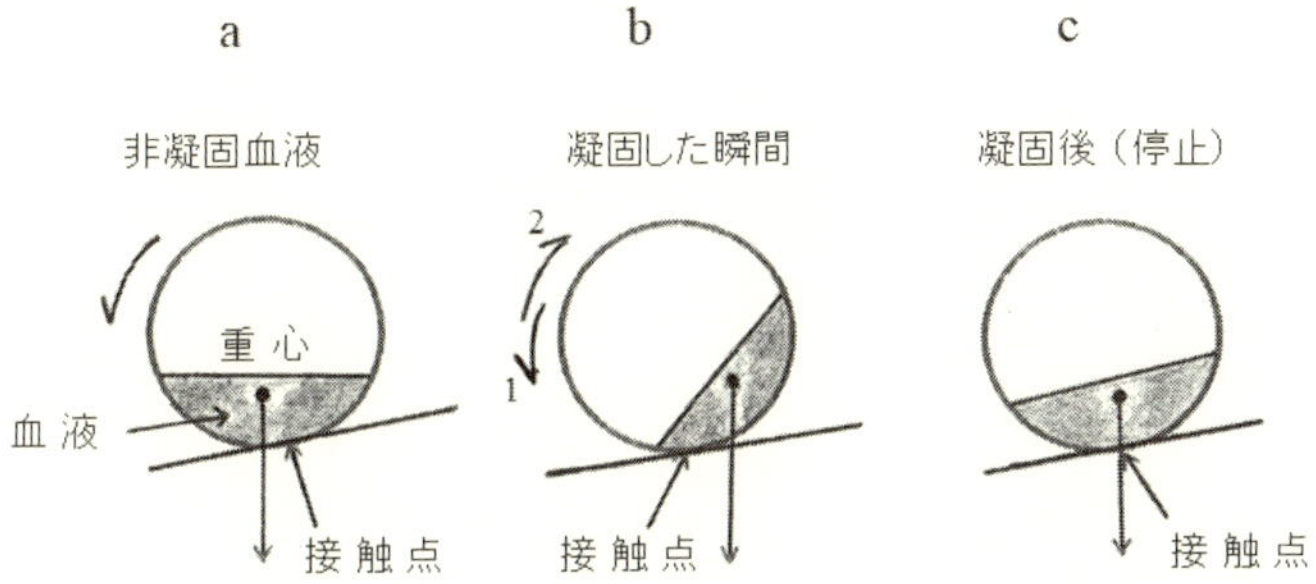

図 9.3　非凝固血液および凝固した血液が入ったカプセルのスロープ上での状態

ロープを回転落下しなくなるのかを考えてみます。凝固していない血液が入っているカプセルでは、重心から下した垂線が、接触点よりもスロープの下方（図9・3a）にある場合には、回転力が働いてカプセルは回転落下します。このとき、血液はカプセルの中を移動しますが、血液内部で粘性流動は起こらないので、減衰振動型レオメータ同様、血流停滞状態をシミュレートした測定系と考えることができます。血液の凝固が起こった瞬間を考えると、血液はカプセル表面に粘着して移動しなくなり、回転しようとしたカプセルは大きく傾いた状態になります（図9・3b）。このとき、重心から下した垂線は、カプセルとスロープの接触点よりもスロープの上方にあるので、起き上がりこぼしのように逆方向に戻るように回転します。その結果、最終的には、重心から下した垂線がカプセルとスロープの接触点と一致したところでカプセルは停止することになります（図9・3c）。

血管壁の損傷と血小板の影響

測定に用いたポリプロピレンチューブ（カプセル）中では、ＰＦＰの凝固は起こりません。このことは、ポリプロピレン表面は血液凝固に対し不活性な表面を提供しており、材料表面と血液との相互反応がない状態での測定、すなわち血管壁の損傷がない状態での測定ということができます。この場合の血液凝固反応のトリガーの一つは、第八章で説明した赤血球膜に存在するエリスロエラスターゼ-IXによる第IX因子の活性化と考えられます。

ウィルヒョウの血栓形成の三要素の一つである血管壁の損傷も、凝固開始時間に影響します。血管壁の損傷があると血液中に組織因子が放出されるので、採血した血液中でエリスロエラスターゼ-IXによる第IX因子の活性化に加えて、外因系凝固反応も活性化します。さらに、採血した血液中に血管壁の損傷などによって活性化した血小板が存在すると、その血小板によって内因系凝固反応が惹起され（第XI因子の活性化によって）、凝固開始時間が極端に短縮することが考えられます。例えば、後で説明する表９・１の中で、凝固開始時間が四分程度と短い場合は、採血した血液中に活性化した血小板が存在する可能性があります。

血流停滞をシミュレートした本測定法で凝固開始時間を測定することによって、ウィルヒョウの三要素、すなわち血流停滞、血管壁の損傷、血液の凝固亢進を考慮した静脈血栓発症リスクの評価が期待できます。

静脈血栓発症リスク評価の試み

静脈血栓発症リスクを評価する方法を考えてみます。リスク因子としては、内的リスク因子と外的リスク因子の二つに分けて考えてみるのがよいと思われます。内的リスク因子は血液自身の問題で、ヘマトクリットの増加、各凝固促進因子の濃度の増加、凝固阻止因子の濃度の低下や欠損、トロンビン生成速度に関与する血球膜の性状、各種疾患における凝固亢進状態などがあります。加齢では、赤血球の凝固活性が高くなる可能性とともに、凝固促進因子は増加し、凝固阻止因子は低下する傾向にあります。これらは凝固開始時間に反映されるので、内的リスク因子に含めます。したがって、内的リスク因子は凝固開始時間のみを考慮すればよく、凝固開始時間の長短を内的因子の発症リスクとして点数で表すことにします。

一方、外的因子は凝固開始時間には直接反映されない因子で、その人の病状、病歴や状態などに依存する因子です。ここでは、肺血栓症／深部静脈血栓症（静脈血栓塞栓症）予防ガイドラインに記載されているリスクの一部を参考にして考えることにします。リスクが低い外的因子としては肥満や下肢静脈瘤など、リスクが中程度のものとしては長期臥床、うっ血性心不全など、リスクが高いものとしては下肢の麻痺、下肢のギプスなどでの固定、血流停滞を伴う外科的手術、静脈血栓塞

表 9.1 静脈血栓発症リスク判定の例

年齢（疾患）	凝固時間(分)	リスクポイント	付加リスク	リスクポイント	合計リスクポイント
61歳（正常）	25	0	―	0	0
43歳（高血圧）	11	1	―	0	1
76歳(心房細動)	13	1	心房細動	2	3
78歳	20	0	長期臥床	2	2
85歳	4	3	長期臥床	2	5
85歳	13	1	下肢麻痺	3	4

栓症の既往などがあります。これらの外的因子も点数で表し、静脈血栓発症のリスクを内的因子と外的因子の点数を合計して評価します。

残念ながら、本章で説明した測定装置を用いて測定したデータはまだありません。しかし、シーソー式測定法と減衰振動型レオメータの原理は違っていますが、試料容器の材質にポリプロピレンを用い、血流停滞をシミュレートする両装置で得られる結果は同じであることが期待できます。そこで、ここでは減衰振動型レオメータを用いて測定した凝固開始時間（内的リスク）と外的リスクのデータから評価することを試みました。その結果のいくつかを表9・1に示します。合計点の大小によって静脈血栓発症リスクの有無を判定できると考えています。今後臨床分野の専門家によってデータが集積され、本評価法の妥当性が検証されることを期待します。

第十章　血液レオロジー関連あれこれ

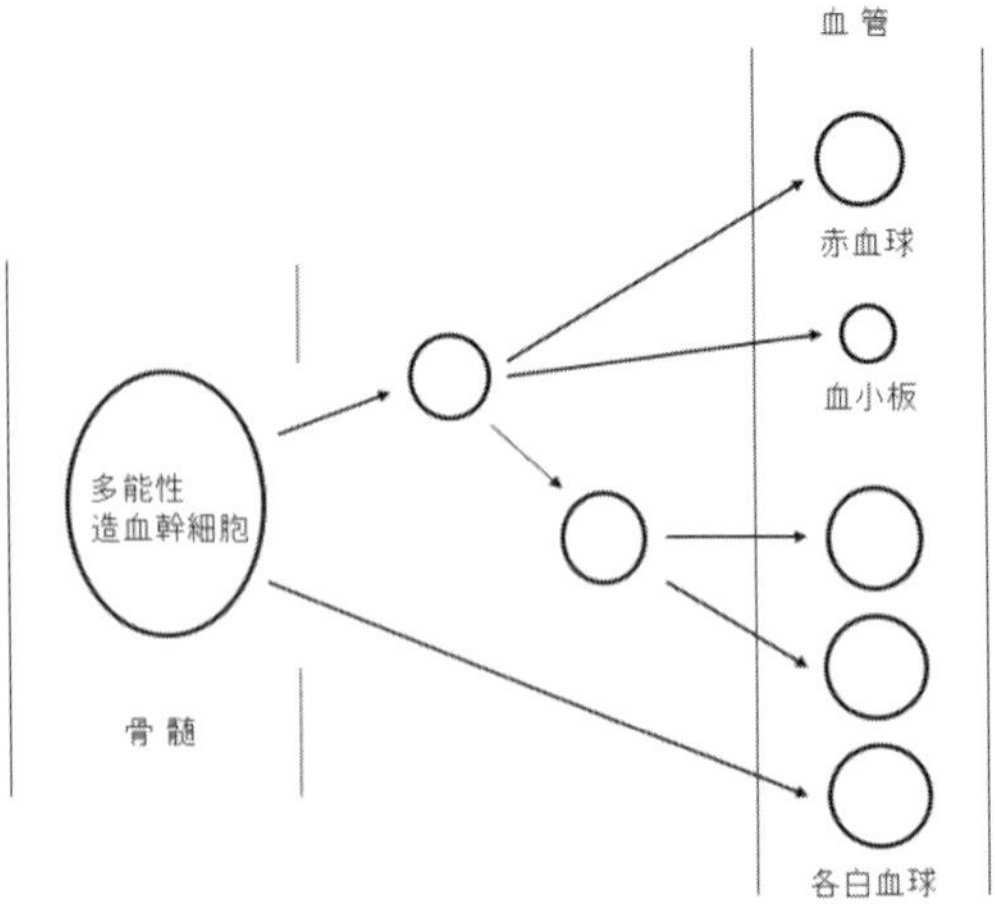

図 10.1 骨髄に存在する造血幹細胞は、分化して成熟したそれぞれの血球細胞になって血管の中に入る

血液はどのようにつくられるのでしょうか

血球細胞（赤血球、白血球、血小板）とフィブリノゲンなどの血漿たんぱく質がつくられる場所は異なっています。血球細胞は骨髄の造血組織でつくられます。骨髄は骨の中に存在する組織で、その中に造血幹細胞が存在します。造血幹細胞は絶えず分化しながら細胞分裂を繰り返します。分化とは、未成熟な細胞がそれぞれの細胞の機能を獲得し、成熟した細胞へと変化することです（図10・1）。例えば、赤血球は、分化しながら細胞内にヘモグロビンを蓄えるとともに最終的に核がなくなり、血液中に放出されます。赤血球ができるためにはエリスロポエチンと呼ばれるホルモン、栄養素、鉄などが必要です。白血球と血小板も造血幹細胞が分化し、成熟したそれぞれの細胞になります。フィブリノゲンとアルブミンは肝臓で、免疫グロブリン（抗体）は形質細胞（B細胞から分化した細胞）でつくられます。

核のない赤血球と核のある赤血球

血球細胞のうち、血液レオロジーに最も影響するのは赤血球です。赤血球のサイズ、膜の表面積、変形能、ヘマトクリットは、哺乳類の中でも動物種によってかなり異なっています。成熟した哺乳類の赤血球には核がありませんが、骨髄で産生されたときには核があり、成熟過程で無核になった後に血管中に出て循環します。一方、哺乳類以外の鳥類、爬虫類、両生類、魚類などの脊椎動物には核があります。進化の過程で哺乳類だけが脱核したと考えられます。

血液型

手術や事故で怪我をしたときなどに輸血が必要な場合には、あらかじめ血液型を調べる必要があります。血液型は、ガラスなどの板の上に血液を一滴たらし、それに血液型判定用血清を混ぜ合わせ、赤血球が凝集するかどうかで判定します。赤血球膜表面には種類の異なる糖たんぱく質があり（第二章参照）、ＡＢＯ式ではその糖鎖が血液型物質（抗原）で、血液型は主にその糖鎖の種類によって決まります。ＡＢＯ式血液型（A, B, O, AB 型）と Rh 式血液型（Rh (+), Rh (-)はよく知られていますが、その他ＭＮ式、Ｐ式血液型など、多くの血液型があります。ある人の血液型をいう場合、ＡＢＯ式では例えばA型、Rh 式では Rh（+）というようになります。血液中には赤血球が最も多く存在するので、輸血では赤血球の血液型が重要です。血液型物質は白血球や血小板、唾液などの体液、毛髪、臓器などにも存在します。犬や猫などのペットはもちろん、他の動物の血液にも血液型は存在します。

さい（臍）帯血

赤ちゃん（胎児）と母体（胎盤）とをつなぐへその緒（さい帯）の中にある血液で、赤血球と白血球のサイズ、ヘマトクリット値は成人に比べるとやや大きいのが特徴です。さい帯の中には五〇～一〇〇ミリリットルのさい帯血が含まれ、母親から酸素や栄養物を、胎児から二酸化炭素や老廃物を運搬します。さい帯血には成人では存在しない造血幹細胞が存在するので、その細胞は白血病などの治療に利用されます。

赤い血液と青い血液

哺乳動物の血液は赤い色をしています。血液成分の約半分を占める赤血球の内部にはヘモグロビンが詰まっていて、ヘモグロビンが赤い色をしています。ヘモグロビンは、ヘムという錯体（金属と非金属原子が結合した化合物）とグロビンというたんぱく質からなる複合たんぱく質です。ヘムは、ポルフィリン（環状構造を有する有機化合物）に鉄原子が結合してできていて、鉄原子と酸素が結合するので赤くなります。静脈血では、二酸化炭素とヘモグロビンが結合しているので、動脈血に比べて少し黒ずんだ色をしています。

イカやタコなどの軟体動物、エビやカニなどの一部の節足動物では、血液は青い色をしています。

これらの動物では、ヘモシアニンと呼ばれる呼吸色素たんぱく質が鉄ではなくて銅を含んでいるためです。このたんぱく質は、酸素と可逆的に結合して青い色になります。

人工血液はあるのでしょうか

まだ人工的な血液はなく、輸血に頼っているのが現状です。輸血に必要な血液は献血によって確保する必要がありますが、感染、血液の安定的な供給、保存の問題などがあります。血液を遠心分離して得られる赤血球や血小板を輸血する成分輸血では、赤血球は三週間保存できますが、血小板はわずか数日しか保存できません。血漿たんぱく質であるフィブリノゲン、アルブミン、グロブリン、一部の凝固関連因子などは精製されていますので、必要に応じて使用することができます。

人工赤血球についてはかなり古くから研究されてきました。筆者は、約五〇年前に、酸素を運搬する能力のあるヘモグロビンを封入したプラスチック製カプセルのサスペンション（懸濁液）の粘度を測定したことがありますが、赤血球と違ってカプセルは変形せずニュートン流動を示しました。炭化水素の水素原子をフッ素で置き換えたパーフルオロカーボンは、酸素と二酸化炭素を溶解する性質があるので、古くから研究開発が行われました。ヘモグロビンを化学的に修飾した人工酸素運搬体、赤血球膜の代わりにリン脂質二重膜の中にヘモグロビンを封入した人工赤血球などの開発研究も行われてきました。さらに、造血幹細胞から血球細胞をつくることが試みられています。最近では、iＰＳ細胞（人工多能性幹細胞）を使って赤血球と血小板を量産化する研究が行われており、実用化が期待されています。

母乳のもとは血液

乳房には母乳を生産し分泌する組織である乳腺があります。乳腺組織内には多くの血管が集まっており、そこに届いた血液の赤み部分（赤血球）は取り除かれて、血液中のたんぱく質、免疫機能をもつ白血球やいろいろな栄養素を含む母乳がつくられます。母乳にはリン酸を含む複合たんぱく質であるカゼインが約五〇％（牛乳中には約八〇％）含まれており、このたんぱく質が集まった粒子が分散しています。この粒子は光の波長よりも大きいので光を散乱し、母乳は白く濁って見えます。

静脈弁ポケットや心房細動では血栓（血液凝固）が起こりやすくなります

静脈弁ポケット

静脈では、重力に逆らって血液を心臓に戻すために、下肢の筋肉の収縮などの機構に加えて血液の逆流を防ぐための弁（静脈弁）があります。静脈弁は静脈の内壁に一定の間隔で存在しています。静脈弁を通過した血液は図10・2に示すように流れますが、静脈弁ポケットの近傍の血液の一部は流れに乗って移動することができず、その部位でぐるぐる回るように血流が停滞してしまうことがあります。したがって、静脈弁ポケットでは静脈血栓ができやすくなります。

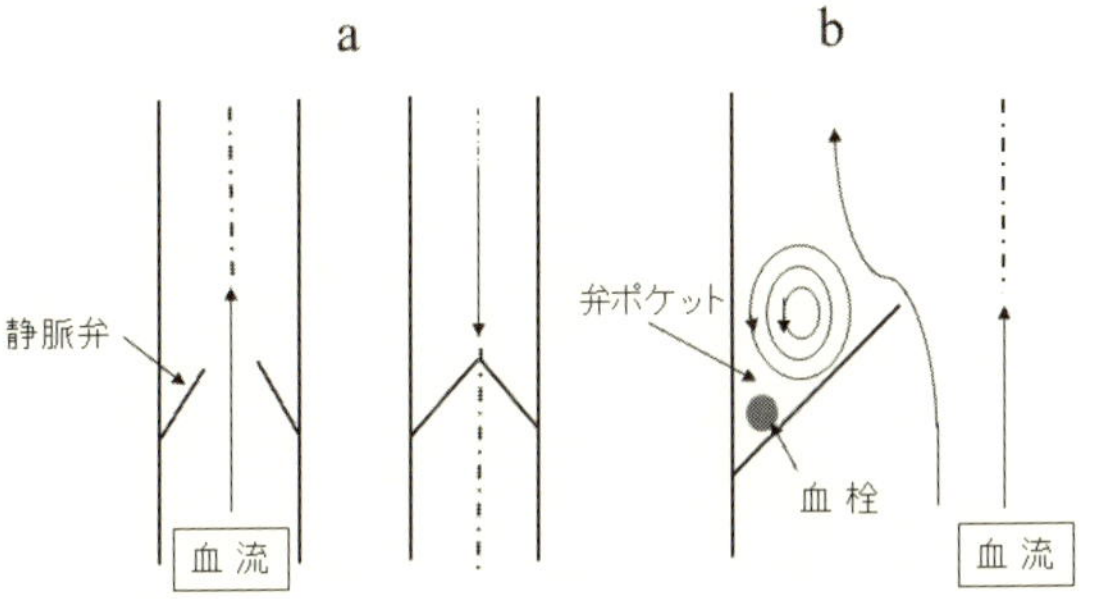

図10.2 (a) 静脈では静脈弁があるために血液は逆流しないが、(b) 静脈弁ポケットでは血流は停滞し、血液凝固（静脈血栓）が起こりやすくなる

心房細動

心臓の心房内を流れる異常な電気信号の発生によって心房が小刻みに震えると、心房（主に左房）の収縮と拡張が正常にできなくなります。そのため、左心房の中で血流停滞が起こり、心臓から血液をうまく送り出せなくなります。血流停滞は、血栓形成（血液凝固）の原因となり、もし血栓が血流に乗って血管の中を移動すると脳や他の臓器を閉塞する危険性があります。

心房細動などでの血栓形成（血液凝固）を予防する薬としてはワーファリンや活性型第IX因子の阻害薬などが使用されますが、これらの薬は第六章で説明した赤色血栓（フィブリンクロット）形成をできにくくします。

播種（はしゅ）性血管内凝固（ＤＩＣ）を知っていますか

正常な血管内では、凝固を亢進させる反応とそれを阻止する反応があり、血液が凝固することはありません。ＤＩＣという病態は、さまざまな疾患が原因となって血液凝固反応が活性化され、全身の血管内で微小な血栓（血液凝固）が多発するために微小循環障害や臓器障害が起こります。その結果として、凝固因子および血小板が消費されてしまうので、逆に出血症状が起こってしまいます。ＤＩＣは悪性腫瘍、敗血症などの感染症、外傷、あるいは産科領域での疾患など、重い疾患の悪化に伴って発症します。

血液凝固、血小板機能の検査法にはどのような方法があるのでしょうか

採血した試料の血液凝固検査を行うときには、目的に応じて検査法を選択する必要があります。凝固検査の目的には、手術前の患者さんの出血傾向のスクリーニング、血液凝固を起こしやすい患者さんが抗凝固剤を服用しているときの抗凝固療法のモニタリング、手術中に変動する凝固状態のモニタリングなどがあります。

それらの測定法には、凝固関連因子の濃度と活性化能の測定、凝固を促進する試薬を血漿に加えたときの凝固開始時間の測定（血液凝固能の検査）などがあり、高感度で測定できる装置がありますす。ただし、血漿を用いての検査では、血漿を作製するのに時間を要し、血球と血漿中の凝固関連因子との相互反応による凝固時間を測定することはできません。レオロジー的測定法は、全血を用いて凝固時間を測定できますし、血小板機能、線溶を同時に測定することが可能であり、手術中のモニタリングに適しています。

線溶によってできるフィブリン分解産物が血液中に存在するかどうかを測定し，血管内で凝固が

起こったかどうかを調べる検査法があります。例えば、ラテックス粒子に分解産物が反応する物質を結合させ、分解産物があるとラテックスが凝集するので、血管内で血液凝固が起こったことがわかります。

血小板機能が亢進あるいは低下しているかどうかを調べることは、白色血栓の形成、すなわち心筋梗塞や脳梗塞の発症とも関連し重要です。血小板が他の物質に粘着する性質（粘着能）、血小板同士が互いに結合する性質（凝集能）を測定することが行われています。血小板粘着能は、小さなガラスビーズを充填したチューブに血漿を通過させ、通過前後の血小板数を測定します。血小板凝集能の評価では、血漿に血小板の凝集を引き起こすアデノシン二リン酸（ＡＤＰ）あるいはコラーゲンを加え、凝集した血小板の大きさと数を光学的に計測します。

血小板が活性化すると血小板からいろいろな物質が放出されるので、それらの物質の血中濃度を測定することによって血小板の活性化の程度がわかります。回転型粘度計を用いて血小板を懸濁した溶液に大きなずり応力を加え、血小板の凝集や活性化反応を調べる方法もあります。レオメータで血小板収縮（血餅収縮）を調べる方法については第四章で説明しました。

血液と血管内皮細胞の相互作用

血液が血管の中を流れるとき、血液は血管の内側の内皮細胞と絶えず接しています。内皮細胞は一層の敷石状に敷き詰められていて、血液が流れるときには内皮細胞にずり応力が作用します。内皮細胞の形態は、流れが停滞している領域では丸に近い形をしていますが、血流の速いところでは長円形で、長軸は血流方向に向いて配列しています。内皮細胞の機能には、血液と組織の間の物質透過の調節、抗血栓性の維持、スムーズな血液循環の維持に重要な血管のトーヌス（緊張性）の調節などがあります。

内皮細胞にずり応力を作用する装置を用いて、培養した内皮細胞のさまざまな挙動を観察した報告があります。例えば、内皮細胞は一様に覆われているときには、細胞の増殖は起こりませんが、内皮細胞が損傷・剥離すると内皮細胞は増殖をして、剥離部分を修復します。ずり応力の増加は、内皮細胞の物質透過性を増大し、血栓を溶解する酵素であるt-PA（ティッシュプラスミノゲンアクチベータ）などの産生を促進します。これらの詳細については、巻末に挙げた参考書(16)に記載されています。

人工血管はあるのでしょうか

血管が動脈硬化などの原因で詰まってしまうと、その部位を人工血管で置き換える必要が出てきます。人工血管開発の歴史は古く、一九〇〇年代初めに代用血管としてガラスなどの管を用いて大動脈の血行再建を図ったことに遡ります。最初のころはチューブ状の高分子なら何でも人工血管として使用できるかどうかを試したようですが、長い間の研究結果の集積によって、人工血管の構造の設計・開発が行われるようになりました。例えば、小さな孔のあるポリウレタンチューブ、人工血管内面に血管内皮細胞を被覆したハイブリッド人工血管などがあります。人工血管として使用されるためには、①血栓ができないこと、②材料が生体となじむこと（生体適合性）、③人工血管の硬さが血管と同じ程度であること、④小さな物質が透過できること、⑤発がん性がないなど生体に悪影響を及ぼさないこと、⑥滅菌が可能なこと、⑦血管に人工血管を縫合しやすいこと、などの厳しい条件があります。

現在、胸部や腹部大動脈用の大口径人工血管（内径二～三センチメートル）や下肢や頸部用の中口径人工血管（内径六～八ミリメートル）は治療用として使われており、その材質は、ポリエステル製（ダクロン）と延伸ポリテトラフルオロエチレン（テフロン、**ePTFE**）が主流です。心臓の細い血管（冠動脈）が詰まって起こる心筋梗塞を発症したときには、小口径人工血管（内径二ミリメートル程度）で置換する必要があります。小口径人工血管の開発はいろいろと試みられていますが、完全には実用化されていないのが現状です。内皮細胞の分化・再生の基礎的・応用的研究などが行われていますが、血管再生医療への応用が期待されます。

参考書・参考文献

参考書

★レオロジー、バイオレオロジー、バイオメカニクス関係

(1) バイオレオロジー、岡小天著、裳華房（1984）
(2) やさしいレオロジー、村上謙吉著、産業図書（1986）
(3) 細胞のバイオメカニクス、日本機械学会編、オーム社（1990）
(4) 食品の物性とはなにか、松本幸雄著、弘学出版（1991）
(5) キッチンで体験レオロジー、尾崎邦宏著、裳華房（1996）
(6) おいしさのレオロジー、中濱信子、大越ひろ、森高初恵著、弘学出版（1997）
(7) バイオレオロジー、貝原眞、坂西明郎著、米田出版（1999）
(8) バイオメカニクス、林紘三郎著、コロナ社（2000）
(9) 循環系のバイオメカニクス、神谷瞭編著、コロナ社（2005）
(10) レオロジーの世界‐基本概念から特性・構造・観測法まで、尾崎邦宏著、森北出版（2011）
(11) 測定から読み解くレオロジーの基礎知識、上田隆宣著、日刊工業新聞社（2012）
(12) Nano/Micro Science and Technology in Biorheology, R. Kita and T. Dobashi 編集、Springer（2015）
(13) Vascular Engineering, K. Tanishita and K. Yamamoto 編集、Springer（2016）

★血液、血液循環、細胞、血管関係

(14) 微小循環、医学と理工学の接点、東健彦、神谷瞭編、コロナ社（1983）
(15) 素顔の赤血球、森岡清和著、金原出版（1994）
(16) シェアストレスと内皮細胞、安藤譲二著、メディカルレビュー社（1996）
(17) 考える血管、児玉龍彦、浜窪隆雄著、講談社（1997）
(18) 赤血球、三輪史朗監修、医学書院（1998）
(19) 血管の病気、田辺達三著、岩波新書（1999）
(20) 血液6000キロの旅、坂井建雄著、講談社（2001）
(21) 冠循環のバイオメカニクス、梶谷文彦編著、コロナ社（2001）
(22) 血液のレオロジーと血流、菅原基晃、前田信治著、コロナ社（2003）
(23) 絵でわかる血液のはたらき、八幡義人著、講談社（2004）
(24) 「流れる臓器」血液の科学、中竹俊彦著、講談社（2009）
(25) 命を守る材料～人工血管から再生医療の最先端へ～、東京理科大学出版センター編、東京書籍（2013）

★血栓、血液凝固関係

(26) 血栓の話、青木延雄著、中公新書（2000）
(27) 血栓症ナビゲーター、池田康夫監修、メディカルレビュー社（2006）
(28) 血栓形成と凝固・線溶 - 治療に生かせる基礎医学、浦野哲盟、後藤信哉著、メディカル・サイエンス・インターナショナル（2013）

(29) しみじみわかる血栓止血 Vol.1 DIC・血液凝固検査編、朝倉英策著、中外医学社（2014）
(30) しみじみわかる血栓止血 Vol.2 血栓症・抗血栓療法編、朝倉英策著、中外医学社（2015）

参考文献

★血液、血液循環、細胞、血管関係

(31) Evans E.A. and Hochmuth R.M., Membrane viscoelasticity. Biophys. J., **16**, 1, 1976.
(32) Hochmuth R.M., Worthy P.R. and Evans E.A., Red cell extensional recovery and the determination of membrane viscosity. Biophys. J., **26**, 101, 1979.
(33) Cohen I., Gerrard JM. and White J.G., Ultrastructure of clots during isometric contraction. J. Cell Biology, **93**, 775, 1982.
(34) Kaibara M., Rheological behaviors of bovine blood forming artificial rouleaux. Biorheology, **20**, 583, 1983.
(35) Jen C.J. and McIntire L.V., The gelation kinetics of platelet extracts. Biochim. Biophys. Acta, **801**, 410, 1984.
(36) Chien S., Sung K.L., Schmid-Schönbein, et.al., Rheology of leukocytes. Annals of the New York Academic Sciences, **516**, 333, 1987.
(37) Diamond S.L., Eskin S.G. and McIntire L.V., Fluid flow stimulates tissue plasminogen activator secretion by cultured human endothelial cells. Science, **243**, 1483, 1989.
(38) 前田信治、赤血球の骨格構築とレオロジー、病態生理、**8**, 965, 1989.
(39) Shiga T., Maeda N. and Kon K., Erythrocyte rheology. Clinical Reviews in Oncology/Hematology, **10**, 9, 1990.

(40) Kawakami S., Isogai Y., Yamamoto J., et al., Rheological study on erythrocyte aggregation with special reference to ESR - Application to quick estimation of ESR value. Clin. Hemorheology, **14**, 509,1994.

(41) Seki R., Okamura T., Maruyama T., et al., Quantitative studies on the impaired filterability of erythrocytes from patients with liver cirrhosis. 日本バイオレオロジー学会誌、**19**, 50, 2005.

(42) Satoh F., Fujita M.Q., Misawa S., et al., Evaluation of blood viscosity as a putative risk factor for sudden death during bathing. 日本バイオレオロジー学会誌、**20**, 44, 2006.

★血栓、血液凝固関係

(43) Symington I.S. and Stack B.H.R., Pulmonary thromboembolism after travel. Br. J. Dis. Chest, **71**, 138, 1977.

(44) Kaibara M. and Date M., A new rheological method to measure fluidity change of blood during coagulation: application to in vitro evaluation of anticoagulability of artificial materials. Biorheology, **22**,197, 1985.

(45) Breddin H.K., Thrombosis and Virchow's triad: what is established ? Semi. Thromb. Hemost., **15**, 237, 1989.

(46) Kaibara M. and Kawamoto Y., Rheological measurement of blood coagulation in vascular vessel model tube consisting of endothelial cell monolayer. Biorheology, **28**, 263, 1991.

(47) Mammen E.F., Pathogenesis of venous thrombosis. Chest, **102**, 640, 1992.

(48) Landgraf H., Vanselow B., Schulte-Huermann D., et al., Economy class syndrome: rheology, fluid balance, and lower leg edema during a simulated 12-hour long distance flight. Aviation, Space, and Environmental Medicine, **65**, 930, 1994.

(49) Kawakami S., Kaibara M., Kawamoto Y., et al., Rheological approach to the analysis of coagulation of blood in

endothelial cell-coated tubes: activation of intrinsic coagulation reaction on erythrocyte surface. Biorheology, **32**, 521, 1995.

(50) Kawakami S., Kaibara M., Nakayama M., et al., Rheological study of the dynamic process of fibrinolysis. Blood Coagul. Fibrinoly., **8**, 351, 1997.

(51) Goto S., Ikeda Y., Saldivar E., et al., Distinct mechanisms of platelet aggregation as a consequence of different shearing flow conditions. J. Clin. Invest., **101**, 479, 1998.

(52) Sinzinger H., Karanikas G., Kritz H., et al., The economy class syndrome -a survey of 19 cases, VASA, **28**, 199, 1999.

(53) Iwata H. and Kaibara M., Activation of factor IX by erythrocyte membranes causes intrinsic coagulation. Blood Coagul. Fibrinoly., **13**, 489, 2002.

(54) 肺血栓塞栓症／深部静脈血栓症（静脈血栓塞栓症）予防ガイドライン（ダイジェスト版）、肺血栓塞栓症／深部静脈血栓症（静脈血栓塞栓症）予防ガイドライン作成委員会、血栓止血誌、**15**, 151, 2004.

(55) Iwata H., Kaibara M., Dohmae N., et al., Purification, identification, and characterization of elastaze on erythrocyte membrane as factor IX-activating enzyme. Biochem. Biophys. Res., Commun., **316**, 65, 2004.

(56) 貝原眞、血栓形成と血液の流動 - 静脈血栓を中心に - 、日本バイオレオロジー学会誌、**18**, 82, 2004.

(57) 貝原眞、静脈血栓研究の新たな展開、実験医学、**22**, 1869, 2004.

(58) Esmon C.T., Basic mechanisms and pathogenesis of venous thrombosis. Blood Rev., **23**, 225, 2009.

(59) Kaibara M., Rheological study on coagulation of blood with special reference to the triggering mechanism of venous thrombus formation. J. Biorheology, **23**, 2 2009.

(60) 急性肺血栓塞栓症、「肺血栓塞栓症および深部静脈血栓症の診断、治療、予防に関するガイドライン（二〇〇九年改訂版）」、循環器病の診断と治療に関するガイドライン（二〇〇八年度合同研究班報告）、p.3.
(61) 深部静脈血栓症（平成二十一年度）、難治性疾患研究班情報、公益財団法人 難治医学研究財団難病情報センター
(62) Beckman M.G., Hooper W.C., Critchley S.E., et al., Venous thromboembolism: a public health concern. Am. J. Prev. Med., 38, S495, 2010.
(63) 香取信之、周術期の止血凝固管理における Point of Care モニター、日本臨床麻酔学会誌、33, 263, 2013.

あとがき

本書は血液と関係するレオロジーについて、わかりやすく記述するように心がけました。しかし、正確さを重んじて書いたために、やや専門的な表現をする箇所があったことは否めません。血液のレオロジーに関連する現象が、いかに生命の維持に重要であり、循環器疾患にも関係のあることがご理解いただけたら幸いです。

本書で述べた血液レオロジーの測定データは、主に血液を生体の外に取り出して測定した結果です。生命科学の実験で共通していえることですが、生体の外での測定結果が、生体内での挙動や性質を正確に反映しているとは限りません。極端ですが、乾燥したスルメを見て海の中を泳いでいるイカを想像するようなものであるかもしれません。生体の外での実験では仕方のないことですが、そのことは常に頭に入れておいて、生体外での観察を通して生体内で起こっている現象の本質は何であるかを正しく理解する必要があります。

ひと昔前の臨床血液レオロジーの研究では、正常者と各種疾患患者の血液粘度、赤血球変形能、血液凝固などを測定・解析することに関心がありました。当時の臨床分野での研究の目的の一つは、血液レオロジーの測定を、病気の診断、治療、予防に役立てようということでした。最近では、生化学的検査、遺伝子解析、画像診断技術などが発展し、コンピュータシミュレーションによって生体内で起こっている現象を予測することが可能になってきました。これからは、生体レオロジーに関する情報と斬新な計測技術によって得られる情報をカップリングすることによって、新たな展開が期待されます。

本書の内容は、筆者が理化学研究所で行ってきた血液凝固についての記述にかなりのページを割り当てました。本書で掲載した実験データのいくつかは専門的な論文からの引用ですが、引用した図についてはその論文を明記しました。図以外については、本書の最後の参考文献欄に記載しました。引用させていただいた論文著者の先生方に深謝致します。本書を執筆できたのは、筆者の理化学研究所での研究生活においてご支援いただいた先輩諸氏、同僚、筆者の研究にご協力いただいた方々のおかげです。国内外の方々にもご支援、ご協力いただきました。心より感謝致します。また、米田出版の米田忠史さんには、本書の出版に際しての細部にわたるご助言、並々ならぬご協力をいただきました。厚く御礼申し上げます。

二〇一九年一月吉日

貝原　眞

事項索引

あ　行

か　行

さ行

た行

貝原　眞
1941年生まれ、学習院大学大学院自然科学研究科修士課程修了。元理化学研究所副主任研究員、ジョンズホプキンス大学医学部・ライス大学生物医工学科に留学。日本バイオレオロジー学会会長・国際バイオレオロジー学会副会長を歴任、生物レオロジー・血液凝固・人工血管の研究に従事。共著に「バイオレオロジー」（米田出版）、理学博士

血液と血液凝固のレオロジー
～血液サラサラ・ドロドロの科学から、エコノミークラス症候群まで～

2019年4月5日　　初　　版

著　者……………………貝　原　　眞
発行者……………………米　田　忠　史
発行所……………………米　田　出　版
〒272-0103　千葉県市川市本行徳31-5
電話　047-356-8594
発売所……………………産業図書株式会社
〒102-0072　東京都千代田区飯田橋2-11-3
電話　03-3261-7821

中央印刷

ISBN978-4-946553-68-4　C0043

界面活性剤－上手に使いこなすための基礎知識－
竹内　節 著　定価（本体 1800 円＋税）
超撥水と超親水－その仕組みと応用－　辻井　薫 著　定価（本体 2000 円＋税）
化学洗浄の理論と実際
福崎智司・兼松秀行・伊藤日出生 著　定価（本体 1600 円＋税）
錯体のはなし
渡部正利・山崎　昶・河野博之 著　定価（本体 1800 円＋税）
フリーラジカル－生命・環境から先端技術にわたる役割－
手老省三・真嶋哲朗 著　定価（本体 1800 円＋税）
ポリ乳酸－植物由来プラスチックの基礎と応用－
辻　秀人 著　定価（本体 2100 円＋税）
人工酵素の夢を追う－失敗がつぎの開発を生む－
白井汪芳 著　定価（本体 1400 円＋税）
ソフトマター－やわらかな物質の物理学－
瀬戸秀紀 著　定価（本体 1600 円＋税）
ナノ・フォトニクス－近接場光で光技術のデッドロックを乗り越える－
大津元一 著　定価（本体 1800 円＋税）
ナノフォトニクスへの挑戦
大津元一 監修　村下　達・納谷昌之・高橋淳一・日暮栄治
定価（本体 1700 円＋税）
ナノフォトニクスの展開
ナノフォトニクス工学推進機構 編・大津元一 監修　定価（本体 1800 円＋税）
機能性酸化鉄粉とその応用　堀口七生 著　定価（本体 1600 円＋税）
わかりやすい暗号学－セキュリティを護るために－
高田　豊 著　定価（本体 1700 円＋税）
技術者・研究者になるために－これだけは知っておきたいこと－
前島英雄 著　定価（本体 1200 円＋税）
微生物による環境改善－微生物製剤は役に立つのか－
中村和憲 著　定価（本体 1600 円＋税）
アグロケミカル入門－環境保全型農業へのチャレンジ－
川島和夫 著　定価（本体 1600 円＋税）
ケミカルバイオロジー－入り口？ 出口？ 回り道！－
濱崎啓太 著　定価（本体 1600 円＋税）
患者のための再生医療　筏　義人 著　定価（本体 1800 円＋税）
生体医工学の軌跡－生体材料研究先駆者像－
立石哲也・田中順三・角田方衛 編著　定価（本体 1800 円＋税）
住居医学（Ⅰ）吉田　修 監修・筏　義人 編　定価（本体 1800 円＋税）
住居医学（Ⅱ）筏　義人・吉田　修 編著　定価（本体 1800 円＋税）
住居医学（Ⅲ）筏　義人・吉田　修 編著　定価（本体 1800 円＋税）
住居医学（Ⅳ）筏　義人・吉田　修 編著　定価（本体 1500 円＋税）
住居医学（Ⅴ）筏　義人・吉田　修 編著　定価（本体 1800 円＋税）